幸せな牛の風景。

エコロジー牛乳を提唱する
自然放牧酪農家・中洞正（著者）近影

住民たちは、見渡すかぎりの広い牧場で、太陽のもと一年中自由気ままに暮らしている

通年昼夜自然放牧。

のんびりと午後のひとときを過ごすカップル

のどが渇けば水を飲み、
おなかがすけば青い草を食む

雪が積もり、野シバが枯れる冬は、
夏に刈り取った干し草がご馳走となる

自分の意志で搾乳の時間になると山から下り、
搾ったらまた山に帰っていく

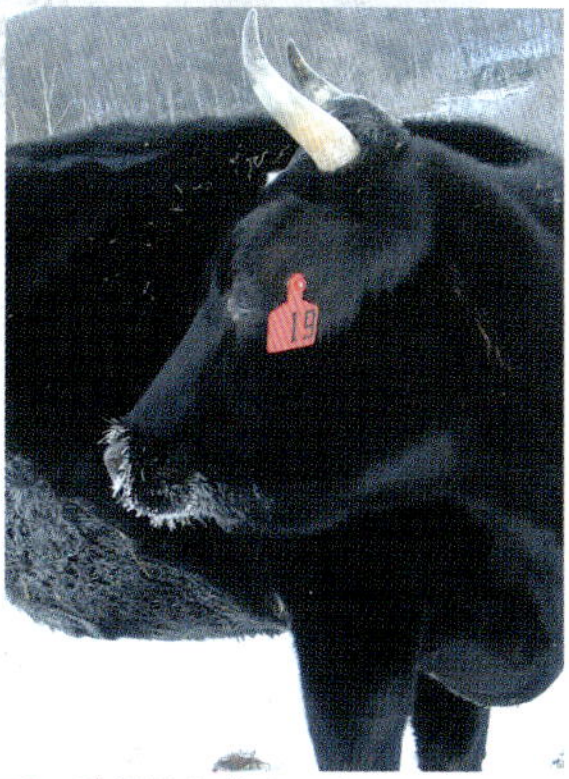

耳の番号札が住人の印

体に雪が降り積もってもじっと動かずに黙想？を楽しんでいる

自然分娩。

人間の手を借りずに自らの力で
赤ちゃんを産み落としたばかりの母牛。
子牛は母牛の乳房を自分で探り当て
初乳を腹いっぱいに満たして
山から下りてくる

子牛を親から離さず、
自由に育てる。
自然交配、自然分娩、自然哺乳。
自然放牧酪農ならではの光景

もくじ●幸せな牛からおいしい牛乳

中洞 正
自然放牧酪農家
幸せな牛から
おいしい牛乳
コモンズ

第1章

わたしたちが飲んでいる牛乳

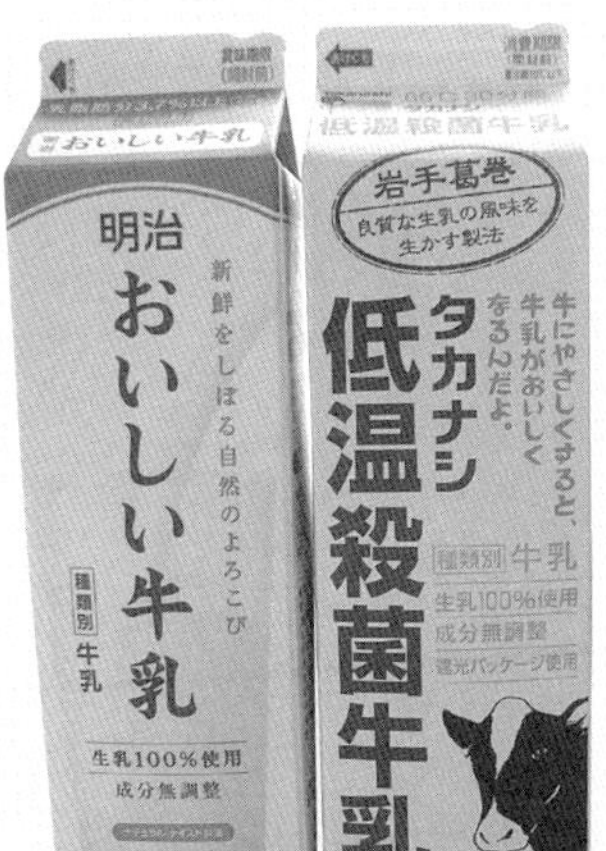

流行の「おいしい牛乳」と市販の低温殺菌牛乳

1　日本の牛乳

おいしい牛乳って、どんなもの？

最近、「おいしい牛乳」というネーミングの牛乳が各社から売られている。それでは、いままでの牛乳は「おいしくない牛乳」だったのだろうか。

牧場で飲んだ牛乳は、とてもおいしかった。

むかし飲んだビン牛乳は、おいしかった。

スーパーで買う牛乳と、どこが違うのだろうか。

そんな疑問をもった方もいるだろう。あるいは、いまはいろいろな飲みものがたくさんあるため、牛乳がさほどおいしく感じられなくなったのだろうか。

ここには、決して気のせいとは言えない事実が隠されている。

味覚は個人によって差があるので、一概に「おいしい」「まずい」と言えないところもあるが、日本の牛乳をまずくしている大きな原因は殺菌方法だ。一二〇℃以上の超高温で殺菌すると、どうしても牛乳の焦げ臭さが発生し、本来の味が失われてしまう。しかも、殺菌後に紙パックに充填《じゅうてん》すると、紙の臭いが牛乳に移る。

そして、市販されている牛乳の約九二％は超高温殺菌、紙パック入りである。これが、わたしたちが飲んでいる牛乳なのだ。

「濃い牛乳はおいしい」とも言われる。牧場で飲む牛乳は、よく「濃い牛乳」と表現される。では、ホンモノの牛乳はそんなに濃厚感があるのだろうか。

究極のホンモノの牛乳は、牛の乳房から出た乳だと思う。牧場で牛乳を飲んだといっても、こうした乳を飲んだ人は少ないはず。観光牧場で飲む牛乳は、これとはまったく別物だ。「牧場の雰囲気で飲んだから、普通の牛乳でもおいしかった」ということもあるだろう。

牛の乳房から出たばかりの生乳《せいにゅう》は殺菌臭がなく、意外にさらりとしている。それを冷却しても、濃さを極端に感じることはまずない。酪農家は自家製の生乳を鍋で沸かして飲む。わたしは、これがいちばんおいしい牛乳だと思っている。搾りたての生乳より、はるかにおいしい。

生乳を鍋に入れ、一〇分以上かけて七〇～八〇℃に沸かす。鍋のフタは最初から取り、水分を蒸散させながら、できるだけゆっくりゆっくり沸かしていく。こうして、吹きこぼしのないようにじっくり温めて飲む牛乳の味を知っている人が少なくなってきているのは、とても残念だ。

ただし、この殺菌方法では商品として流通できない。どうしてもある程度の細菌が入り、日本の牛乳の品質を規制する乳等省令（乳及び乳製品の成分規格等に関する省令）に定められた「大腸菌が陰性でなければならない」という基準を満たせないからである。したがって、一般の消費者は残念ながら口にはできない。

市販の牛乳のほとんどは一二〇〜一三五℃で殺菌しているため、本来の生乳のさらりとした風味を保つことができない。昭和三〇年代までの牛乳は六二〜六五℃で殺菌し、しかもビンに入っていた。当然、加熱や容器による風味の劣化はなく、まさに「おいしい牛乳」だったのである。

低温殺菌から超高温殺菌へ

冷蔵流通の技術がなかった時代は、六二〜六五℃で三〇分間湯煎する殺菌方法だった。いまの乳業メーカーに言わせれば、このような低温殺菌は「前近代的」「非近代的」だろう。冷蔵流通できないから、近距離にある牧場の新鮮な牛乳を使わざるを得ない。だから、殺菌温度は焦げ臭さの出ない六二℃で十分だった。そんな牛乳こそがおいしい。当時の牛乳は、いまでいう「地産地消」そのものだった。

では、なぜ焦げ臭さが出るまで高温で殺菌するようになったのだろうか。それは、一九五五年に起きた「森永ヒ素ミルク中毒事件」が根底にある。事件後の同年八月に乳等省令の一部が改正され、各メーカーでは腐敗を防ぐ目的でそれまで使っていた乳質安定剤を使用できなくなる（くわしくは三六ページ参照）。そこで品質を安定させるために、森永乳業は最新式の牛乳殺菌機をイギリスから輸入した。それに大手各社が追随していく。

一般的に牛乳の沸点は一気圧のもとでは一〇〇℃だが、この機械は気圧を高くすることによって一二〇℃という超高温での殺菌を可能にした。その結果、わずか数秒の殺菌によって、生乳に含まれる雑菌のほとんどを殺すことに成功し、多少劣悪な生乳でも商品化できるようになったのだ。

加えて、冷蔵（チルド）車が普及し、道路も整備され、冷蔵流通が広がっていく。こうして、北海道の牛乳が関東地方や近畿地方で飲めるようになった。この段階から牛乳の地産地消は減っていき、七〇年代以降は大規模生産と遠距離流通が主流となる。

現在の牛乳の殺菌方法

わたしたちがいま飲んでいる牛乳の殺菌方法は、四種類に分けられる。

①低温保持殺菌法（LTLT＝Low Temperature Long Time）

六三～六五℃・三〇分間、賞味期限は五～七日。

かつて主流だった低温殺菌（パスチャライズ）。パスチャライズとは、フランスの細菌学者ルイ・パスツールが発見した殺菌方法で、もともとはワインの異常発酵を防ぐために用いられた。有害菌のみを殺し、有益菌は死なない。牛乳の風味が豊かに残り、後味や舌ざわりがよいが、殺菌に時間がかかるため大量生産には向かない。

②高温短時間殺菌法（ＨＴＳＴ＝High Temperature Short Time）

七二〜八五℃・一五〜四〇秒間（一般的には七二〜七五℃・一五秒間）、賞味期限は七日ぐらい。

世界的に一般的な殺菌方法。低温殺菌ほどではないが、牛乳の風味は残る。殺菌時間が短いため、大量生産も可能である。

③超高温短時間殺菌法（ＵＨＴ＝Ultra High Temperature Short Time）

一二〇〜一三五℃・二秒間、賞味期限は二週間。

日本で一般的な殺菌方法。欧米での一般的なＵＨＴとはまったく異なり、日本式のＪ－ＵＨＴと揶揄《やゆ》されたこともある。欧米のＵＨＴは一三五〜一五〇℃と殺菌温度がより高く、無菌パックに入れた船舶用や非常食用。一方、日本式の殺菌温度は若干低いため、「フレッシュ牛乳」という意味合いで流通されている。しかし、超高温によってタンパク質が熱変成を起こして加熱臭がするうえ、牛乳の風味は失われ、べとついた後味が舌やのどに残り、焦げ臭さを感じる。また、ビタミンCは約二五%失われる。

本来は常温長期保存牛乳（ロングライフミルク、LL＝Long Life）のための殺菌方法だが、日本では大量生産用の方法となっている。一二〇℃以上の殺菌牛乳は牛乳の本質を完全に逸脱している。伝統的酪農国の多くは、熱変性の少ない低温殺菌牛乳以外をフレッシュ牛乳と呼ばない。当然、酪農国では低温殺菌牛乳の需要が多いと言われている。大手メーカーが最近こぞって販売している「おいしい牛乳」も、この殺菌法で焦げ臭さを科学的に除去したものである。

④その他（無殺菌）

賞味期限は五日程度。

牛から搾った生乳をそのまま詰めた牛乳。乳等省令にいう「特別牛乳」に分類される。御料《ごりょう》牧場（栃木県高根沢町・芳賀《はが》町）、東毛《とうもう》酪農（群馬県太田市）などでも無殺菌牛乳をつくっていたが、撤退した。現在では、北海道中札内《なかさつない》村にある想いやりファーム（旧中札内レディースファーム）の「想いやり牛乳」だけ。搾乳、運搬、充填をとおして、衛生状態を非常に高く保たなければならない。保健所の厳しい指導や衛生面などからみても、リスクは大きい。

わたしは、牛乳はある程度の殺菌をしたほうがおいしいと思っている。超高温殺菌牛乳と低温殺菌牛乳の違いを知るには、飲み比べてほしい。違いはすぐにわかる。超高温殺菌

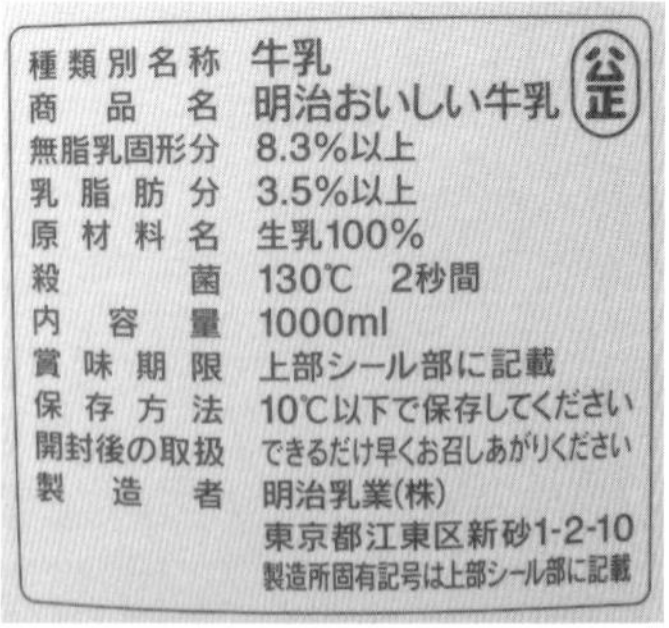

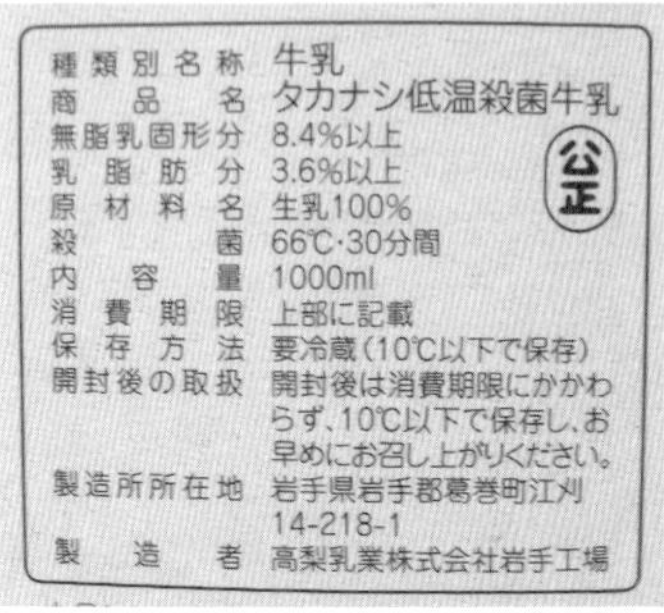

ホモ・超高温殺菌牛乳（上）と
ホモ・低温殺菌牛乳（下）

か低温殺菌かは、牛乳のパッケージに記入されている殺菌温度を見ればよい。なお、二〇〇四年の生産量は①一四万kℓ、②一八万kℓ、③三六四万kℓである。

ホモ牛乳とノンホモ牛乳の違い

一九五二年に森永乳業が「ホモ牛乳」を売り出し、大ヒットした。

牛乳は非常に栄養価が高い反面、腐敗も早い。当時は商品としての流通がむずかしく、いかに賞味期限を延ばすかが各メーカーに課せられた大きな命題であった。そこで開発された殺菌方法が「UHT（超高温）」である。

この方法は、ステンレス製の板（プレート）の間に超高温の蒸気と生乳を交互に通して、瞬時に一二〇～一三五℃で殺菌する。ただし、一二〇℃以上で殺菌すると、牛乳の脂肪球（牛乳の脂肪は球状で、平均四ミクロン＝一〇〇〇分の四ミリ）がプレートにこびりつき、商品化できなくなってしまう。それを防ぐための工程が「ホモジナイズ（均一化）」である。牛乳をホモジナイザーという機械に通し、高圧ピストンで牛乳の中にある脂肪球を破壊して細かくし、こびりつきをなくすのだ。脂肪球の大きさはもともとばらばらだが、この機械で小さく砕けば、大きさをそろえられる。この工程から、「ホモ牛乳」という商品名がつけられた。

各メーカーは以後、ＵＨＴの殺菌機とホモジナイザーをこぞって導入。日本の牛乳のほとんどが一二〇℃以上で殺菌されるようになった。脂肪球が破壊されるから、クリームやバターやチーズもできない。この段階から、日本の牛乳は、生乳とはまったく異なる「似て非なる」摩訶不思議な飲みものとなっていく。

③の超高温短時間殺菌法（ＵＨＴ）や②の高温短時間殺菌法（ＨＴＳＴ）では、ホモジナイズしないと殺菌時に殺菌機に焦げが付着するため、必ずこの工程を経ている。①の低温保持殺菌法（ＬＴＬＴ）は、この工程を経ている牛乳と経ていない牛乳があり、経ていない牛乳は「ノンホモ」牛乳と呼ばれる。

ホモジナイズによって消化がよくなり、風味が均一になると言われる。だが、細かくされると脂肪球の表面積が六倍になり、空気と接する面が増える。その結果、酸化が急激に進んで腐敗しやすくなるため、過酸化脂質が生成し、酸化臭もつく。過酸化脂質はコレステロールや中性脂肪が活性酸素によって酸化されたもので、ガンの発生原因のひとつとされている。

撹拌するとバターができる中洞牧場の「四季むかしの牛乳」

こうした欠点を解決するために超高温で殺菌しているとも言える。たしかに、有害菌は死滅するが、同時に有益菌も死滅してしまう。生きた乳酸菌がもてはやされる昨今、牛乳においては逆の現象が続いているのだ。

また、牛乳を静かに置いておくと表面にクリームが浮くのがノンホモ牛乳の特徴だ。一般的には振ってから飲むが、そのまま飲めばクリームの味も楽しめるし、コーヒーなどのミルクにも使える。容器の中で振り続ければ、脂肪球同士がくっつき合って「自家製バター」が簡単にできる。これは、ホモジナイズされた牛乳では不可能だ。

◆牛乳の成分

搾りたての牛乳を鍋で沸かすと、表面にクリームの膜ができる。いわば、動物性ゆばである。これが非常においしい。岩手県宮古市にあるわたしの実家は乳牛を飼っていたので、子どものころは兄弟で争って食べた。なかでも、鍋の表面全体に広がった膜を箸ですくい、熱いご飯に載せて食べると、この世のものとは思えないほどだ。牛乳のいちばんおいしい成分が凝縮しているのだから、当然と言えば当然である。牛乳が大好きな人間でも、あの味を知っている人がほとんどいないのは、何とももったいない。

　牛乳の成分は、水分と全固形分に大きく分けられる。水分は約八八％、残りの約一二％が全固形分だ。

　全固形分には、まず脂肪が含まれる。たとえば「3・5牛乳」という表示の数字は、乳脂肪分の割合を指す。通常は四季によって変わり、牛が水分の多い生草を食べる夏は三％ぐらいまで下がるし、水分の少ない干し草や夏場に刈り取って発酵させて貯蔵したサイレージを食べる冬は四％ぐらいまで上がる。

　そのほかの主成分は、タンパク質、乳糖、無機質（ナトリウム、カルシウム、カリウムなど）だ。乳糖は牛乳や哺乳類の乳汁に含まれ、ラクトースとも呼ばれる。無機質は栄養学ではミネラルという。生体にとって欠かせない元素で、炭水化物、脂質、タンパク質、ビタミンと並んで五大栄養素のひとつである。この三成分をまとめて「無脂乳固形分」と言い、「8・3％以上」などと表示されている。

　牛乳には、よく言われるカルシウムだけでなく、成長に必要な栄養が消化吸収しやすい

表1　生乳・牛乳・加工乳・乳飲料の100gあたり栄養価

名称		エネルギー(kcal)	タンパク質(g)	脂質(g)	炭水化物(g)	ナトリウム(mg)	カルシウム(mg)	ビタミンA(μg)	ビタミンB1(mg)	ビタミンB2(mg)
生乳	ジャージー種	80	3.6	5.1	4.7	55	130	50	0.02	0.21
生乳	ホルスタイン種	66	3.2	3.7	4.7	40	110	37	0.04	0.15
普通牛乳		67	3.3	3.8	4.8	41	110	38	0.04	0.15
加工乳	濃厚	73	3.5	4.2	5.2	55	110	34	0.03	0.17
加工乳	低脂肪	46	3.8	1.0	5.5	60	130	13	0.04	0.18
加工乳	脱脂乳	33	3.4	0.1	4.7	50	100	Tr	0.04	0.15
乳飲料	コーヒー	56	2.2	2.0	7.2	30	80	5	0.02	0.09
乳飲料	フルーツ	46	1.2	0.2	9.9	20	40	(0)	0.01	0.06

(出典)『五訂日本食品標準成分表』2000年。

形で含まれている。表1に、生乳・牛乳などの一〇〇gに含まれる主要栄養素を示した。普通牛乳では、エネルギー六七kcal、タンパク質三・三g、脂質三・八g、炭水化物四・八g、ビタミンA三八μg、ビタミンB2〇・一五mgだ。

炭水化物のほとんどは乳糖で、カルシウムの吸収を助ける。カルシウムは骨や歯をつくるほか、体のあらゆる細胞の機能を調節する。牛乳コップ一杯(二〇〇mℓ)には約二〇〇mg含まれている。もっとも、それはちりめんじゃこ九g、木綿豆腐半丁強(一六七g)、小松菜四分の一束(七〇g)と同じだから、牛乳を飲まなければカルシウムが摂れないわけでは決してない。ビタミンはAとB2が多く含まれている。いずれも、目、皮膚、粘膜などを保護する役割を果たす。

「牛乳は白い」と思われがちだが、ほんのり黄色がかったミルク色をしている場合がある。その原因はカロチンという成分。とくに、夏は牧草が多くのカロチンを含むので、ミルク色になりやすい。ただし、日本の乳牛の九割以上は一年を通してカロチンの多い生草を食べることは少なく、トウモロコシ、小麦、大豆粕などの濃厚飼料を多く含んだ配合飼料を与えられているから、ミルク色にはならない。放牧して草を多く与えると、夏のミルク色牛乳がよくわかる。

また、市販のほとんどの牛乳に、「成分無調整」と記されている。読んで字のごとく、成分の調整をしていない牛乳という意味で乳業メーカーは使っている。七二年に全国農協直販が農協牛乳ではじめてこの表示を用いた。ただし、無調整についての法的な定義はなく、イメージの強調にすぎない。

牛乳などの種類

乳等省令では、「直接飲用に供する目的又はこれを原料とした食品の製造若しくは加工の用に供する目的で販売（不特定又は多数の者に対する販売以外の授与を含む（略））する牛の乳」を「牛乳」と規定。成分としては、乳脂肪分三・〇%以上、無脂乳固形分（脂肪以外の固形分）八・〇%以上と定めている。さらに、比重、酸度、細菌数などの規定もある。

実際に市販されている牛乳はほとんど、乳脂肪分三・五%以上、無脂乳固形分八・三%

表2　牛乳・乳飲料などの種類と成分

<table>
<tr><th colspan="3"></th><th>乳脂肪分</th><th>無脂乳
固形分</th><th>細菌数
（1mℓ中）</th><th>大腸菌群</th></tr>
<tr><td rowspan="5">無添加</td><td rowspan="2">無調整</td><td>特別牛乳</td><td>3.3% 以上</td><td>8.5% 以上</td><td>3 万以下</td><td rowspan="10">陰性</td></tr>
<tr><td>牛乳</td><td>3.0% 以上</td><td rowspan="5">8.0% 以上</td><td rowspan="5">5 万以下</td></tr>
<tr><td rowspan="3">調整</td><td>低脂肪牛乳</td><td>0.5% 以上
1.5% 未満</td></tr>
<tr><td>無脂肪牛乳</td><td>0.5% 未満</td></tr>
<tr><td>成分調整牛乳</td><td>—</td></tr>
<tr><td colspan="3">加工乳</td><td>—</td></tr>
<tr><td colspan="3">乳飲料</td><td colspan="2">乳固形分 3.0% 以上</td><td>3 万以下</td></tr>
<tr><td colspan="3" rowspan="2">乳酸菌飲料</td><td rowspan="2">—</td><td>3.0% 以上
（乳酸菌数 1mℓあたり 1000 万以上）</td><td rowspan="3">—</td></tr>
<tr><td>3% 未満
（乳酸菌数 1mℓあたり 100 万以上）</td></tr>
<tr><td colspan="3">発酵乳</td><td>—</td><td>8.0% 以上</td></tr>
</table>

以上。これが、牛乳を独占的に買い占め、管理している全農（全国農業協同組合連合会）が求める牛乳の成分である。

また、牛から搾った生乳に手を加えず、殺菌だけをしたものを牛乳と呼ぶ。クリームを加えたり、脂肪分を除いたりすると、低脂肪牛乳・無脂肪牛乳・成分調整牛乳・加工乳・乳飲料として、牛乳とは区別されている。現在、牛乳の種類は以下のとおりだ（乳脂肪分、無脂乳固形分などは**表2**参照）。

（1）無添加（原材料は生乳一〇〇%。水、添加物を一切加えない）

【無調整】

①特別牛乳

特別牛乳搾取処理業の許可を受けた施設で搾取した生乳を処理して製造された牛乳。細菌数三万以下。大腸菌群が陰性であれば、殺菌しなくてもよい。

②牛乳（種類別牛乳）

六三℃三〇分間加熱殺菌するか、これと同等以上の殺菌効果を有する方法で加熱殺菌する。

【調整した牛乳】

生乳から乳成分などを除去したもの。乳脂肪分の一部を除去したり、水分を一部除去して濃くするなど。

①低脂肪牛乳

②無脂肪牛乳

③成分調整牛乳

「低脂肪牛乳と無脂肪牛乳に該当しない」もの。乳等省令の改正で新設された。

（2）添加した牛乳（原材料は生乳一〇〇％ではない）

①加工乳

生乳や乳製品（バター、クリーム、脱脂粉乳など）を原材料として製造した飲みもの。

②乳飲料

乳製品を主原料とした飲みもの。生乳や乳製品（還元乳）以外に、甘味料、着色料、果汁、香料などを加えている。栄養強化乳、コーヒー牛乳、フルーツ牛乳など。乳糖でおなかを壊す人のための乳糖分解乳も含まれる。

③乳酸菌飲料

乳などを乳酸菌か酵母で発酵させたものを加工するか、それを主原料とした飲みもの。無脂乳固形分三％以上のものにヤクルトなど、三％未満のものにカルピスなどがある。

④発酵乳

乳酸発酵を主体とする飲みもので、ヨーグルト。

◈牛乳などの生産・消費の推移

最近の飲用牛乳等（牛乳および加工乳）の生産量を見ると、二〇〇〇年の雪印乳業の食中毒事件以降、加工乳の生産量が急減した。九九年から〇二年の三年間で六割に減っている。その結果、牛乳（生乳一〇〇％使用）の割合が上昇した。その理由には、乳飲料の原料やヨーグルトなどにも生乳が使用されるようになったことや、〇一年に加工乳の牛乳使用割合表示が義務づけられたこともあげられる。

〇五年の飲用牛乳等の合計生産量は四二六万kℓ（牛乳三七九万kℓ、加工乳・成分調整牛乳四七

図1　牛乳・乳飲料などの生産量の推移

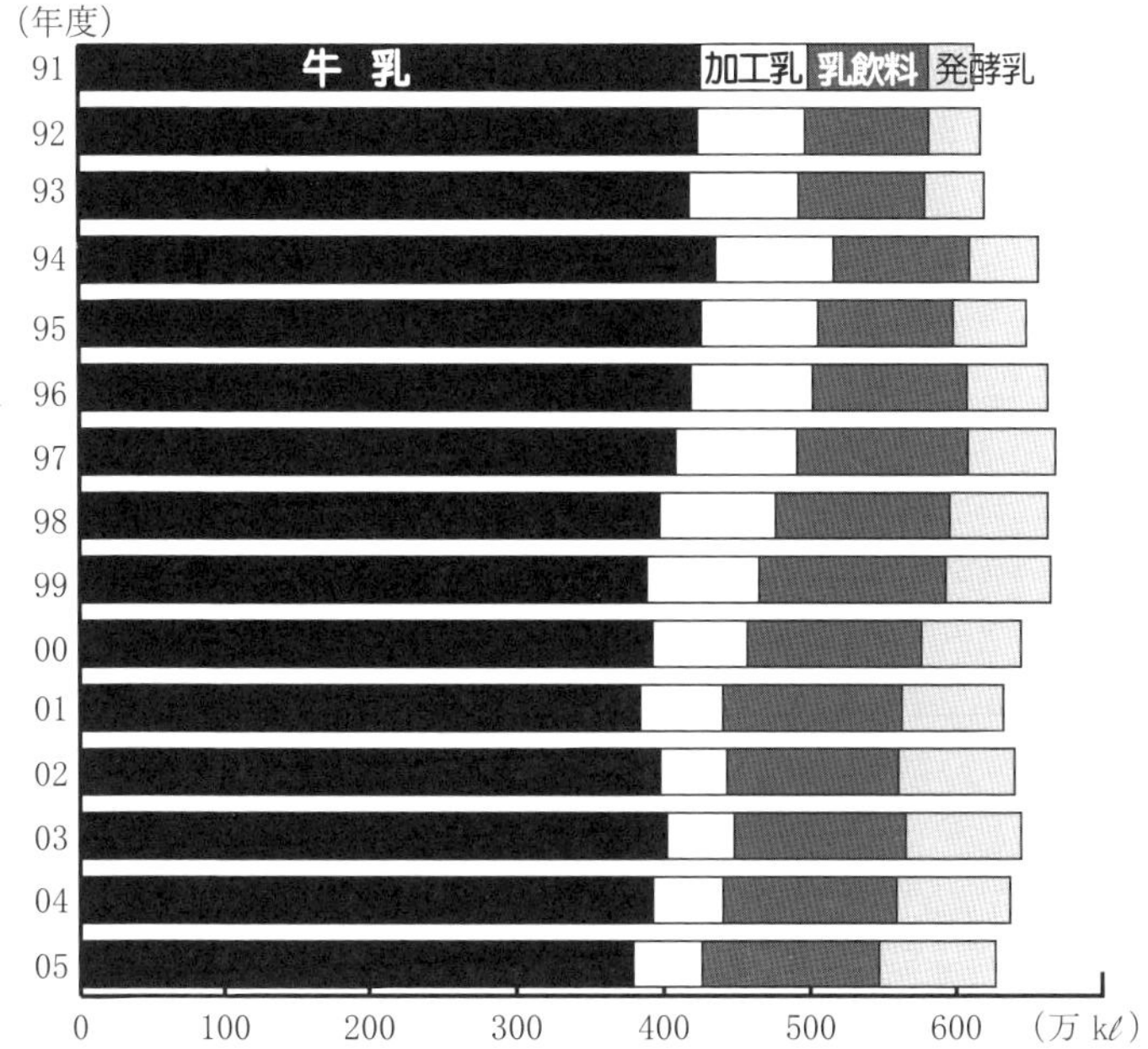

(出典) 農林水産省「牛乳乳製品統計」。

万kℓ)だ(図1)。生乳の生産量はこのところ増えてはいない。六〇年代前半の約三倍にはなっているものの、過去最高だった九六年の八六六万t以後、〇一年まで減少を続けた。その後はほぼ横ばいである。一方で、健康ブームもあって、ヨーグルトなどの発酵乳の〇五年の生産量は九一年の二・五倍になっている。

〇五年に生産された生乳の四七%が北海道産である。そして、五七%が飲用牛乳等向けで、四三%が牛乳を加工してつくる乳製品向けだ。

牛乳・乳製品の総消費量は、六〇年の国民一人あたり年間約二二kg（生乳換算）から、九六年には四・二倍の約九三kgとなった。一人一日あたりの消費量（〇四年度）は二五六g。うち飲用牛乳等向け（生乳換算）が一五二gだ。牛乳・乳製品全体は二〇〇〇年、飲用牛乳等向けが一〇四g、乳製品向けはほぼ一貫して増加を続けている。乳製品の世帯別消費量は、多い順にヨーグルト、チーズ、バター、粉ミルク。とくに、チーズの消費量はこの二〇年間で二・四倍（八五年の二・二gが〇四年には五・三g）にまで増えた。

また、牛乳・乳製品の購入費を『家計調査年報』（総務省）の一世帯あたり年間支出額（全世帯）で見ると、九四年をピークに減少している。〇五年は一万八六四九円で、食料費支出の二％だった。

◈濃い牛乳ならば、おいしいのか

日本で飼育されている乳牛の九八％はホルスタイン種だ。体に白と黒の模様があり、脚、しっぽ、腹の下は白い。ホルスタイン種の乳は、乳脂肪分三・二〜三・五％、無脂乳固形分八・二〜八・五％が一般的とされていた。

一九五〇〜六〇年代は、乳等省令の規定を上回った分は水を加えて増量したり、固形分を抜き取ってバターをつくったりして、規定値ぎりぎりまで牛乳を薄めていた。それを一切せず、生乳を加熱殺菌しただけで容器に入れ、すでに述べたように「成分無調整」として売り出した農協牛乳が大ヒット。各メーカーはこぞって「濃い牛乳」路線へとシフトしていく。

そして、乳脂肪分の濃さを容器に大きく表示し、「3・5牛乳」「3・6牛乳」「3・7牛乳」と濃さを競うようになった。以後、現在に至るまで、濃い牛乳がおいしい牛乳であり、濃さが牛乳の最大の価値であるかのような風潮が続いている。その流れを受けて八七年、全農が乳業メーカーと合意のうえで独自の基準として、乳脂肪分三・五%以上の生乳の生産を組合員である酪農家に押しつけたのである。以後、三・五%以下の生乳は買い取り価格を半値にされ、酪農家は大きな経済的ダメージを受けた。

近代栄養学にもとづいて濃厚飼料を多く与えなければ、乳脂肪分三・五%以上の生乳は搾れない。野外で水分が多い自然の草を自由に食べていれば、しばしば三・五%をクリアできない。にもかかわらず、「乳脂肪分の高い牛乳がおいしい」と言われ、四季を問わず一定の基準を求められる。

たしかに同じ条件で飼育された牛の乳であれば、乳脂肪分が高いほうがおいしい。しかし、狭い牛舎で平均二㎡に一頭という密飼い状態で不健康に育った牛の乳と、乳脂肪分が多少は低くても放牧で自然に飼育された牛の乳を飲み比べてみれば、どちらがおいしいかはすぐにわかる。

自然な飼い方をする放牧酪農家の場合、四季の変化によって乳脂肪分が変わり、三・五％以下にもなる(無脂乳固形分も低下する)。そのため、低乳価に苦しめられ、舎飼いの工業的酪農に移行するか、経営を放棄するかの岐路に立たされた。こうして、日本中の酪農家はこぞって牛舎で密飼いするようになる。牛は季節を問わず、人間が調整した餌を食べさせられた。「牛乳は無調整」「餌は調整」になったのである。

放牧酪農を否定した牛乳が生まれたのは、販売先が農協しかないという事情も大きく関係している。牛乳の価値基準はすべて農協が決めていた。

そして、牛の生理を無視した、乳脂肪分の高さや一頭あたりの乳量の限りない追求が、日本酪農の主流となっていく。規模は急激に拡大し、八〇年の一戸あたり一八・一頭が、九九年には五一・三頭、北海道では一〇〇頭近くにまでなった。いまでは、日本の酪農家数は二万六六〇〇戸、一戸あたり平均飼養頭数は六〇・五頭である(〇六年二月現在)。

コマーシャルの世界だけの放牧

青い生草が牛の主食だったはずなのに、草を食べさせれば「水分が多いから牛乳が薄く

中洞牧場のような放牧はごくわずかだ

なる」と言われた。また、放牧すると「運動によってエネルギーが消耗する」と言われた。こうして、人工的に製造された配合飼料と舎飼いが急激に普及していく。

いまや一部の育成牛（子牛）と観光牧場を除いて、牧歌的なのどかな放牧風景は、コマーシャルや牛乳パッケージなどイメージの世界だけである。放牧の比率はわずか二％にすぎない。

酪農のメッカであり、広大な放牧地をもつ北海道ですら、放牧酪農は現在ほとんどない。というより、北海道こそが真っ先に工業的酪農の先駆けとなった。にもかかわらず、どの乳業メーカーものどかな牧場の風景を利用して、大自然を売り物にしている。

七〇年代前半までは、北海道の酪農は放牧が主流だった。当時の牛は青い草を食べていたのだ。それが乳脂肪分三・五％以上という基準ができてから、貯蔵飼料用のサイロが次々に建てられ、海外から配合飼料が入ってくるようになった。

農協が望む濃い牛乳を出荷するためには、水分の多い青い草を減らさなければならない。その結果、日本で放牧はほとんど存在しなくなった。それなのに、放牧をイメージさせるパッケージで牛乳は売られる。実態とそぐわない宣伝がずっと続けられている。

◆紙パックが登場し、宅配が消えた

かつて、「ガチャガチャ」と音がする大型自転車による牛乳配達は、早朝の風物詩だった。牛乳屋さんが宅配するビン入りの牛乳(一八〇㎖)は、風味が損なわれておらず、おいしい。一方で、ビンには「重い」「洗うのや返却が面倒」「割れる」などの問題もあった。

そこに登場したのが紙パック牛乳。最初は、テトラパックという三角錐型の紙パックである。六二年に日本テトラパック社製の容器を使用して、協同乳業が本格的に販売した。軽く、返却せずに捨てられるテトラパックは、「洗う手間がかからない」「割れない」便利な容器だ。七〇年代に入って急速に広がっていく。

液体が紙の容器に入るなど、当時の常識では考えられない。消費者はビン入り牛乳と比べて「味が違うな」と感じながらも、歩きながらテトラパックにストローをさして飲み、飲み終わったら「ポイ」と捨てる人もいた。考えられないほど便利な容器が登場したと思ったものだ。「ワンウェイ」という言葉も生まれた。最近は「リターナブル」という言葉が環境や資源の有効活用などの観点から使われる。だが、そのころは「ワンウェイ」が牛乳業界の流行語だった。

その後、登場した五〇〇㎖入りや一ℓ入りのブリックパック（四角柱型の紙パック）は、科学の最前線を行く画期的な容器と言えるだろう。これで流通が大きく変わった。ビン入りの牛乳では空ビンの回収に手間と経費がかかり、流通コストに跳ね返ってしまう。八〇年代に普及したこの大型紙パックは流通コストを大きく軽減し、一層の遠距離・大量流通を可能としたのである。

こうして、スーパーで売られる低価格の紙パック牛乳が主流を占め、宅配は急速に見かけなくなる。七三年には宅配が五二％を占めていたが、八〇年には一八％とほぼ三分の一に減った。現在は約七〇％の人びとがスーパーやコンビニで牛乳を買っている。

現在のようにいろいろな飲みものが氾濫している時代と違って、当時は飲料商品の主流は牛乳であった。スーパーは牛乳の売り場面積を大きくとり、毎週のように大々的に折り込みチラシで広告を打つ。日常的に消費される牛乳は、客引き商品としてもっとも適していた。

図2　牛乳の流通経路

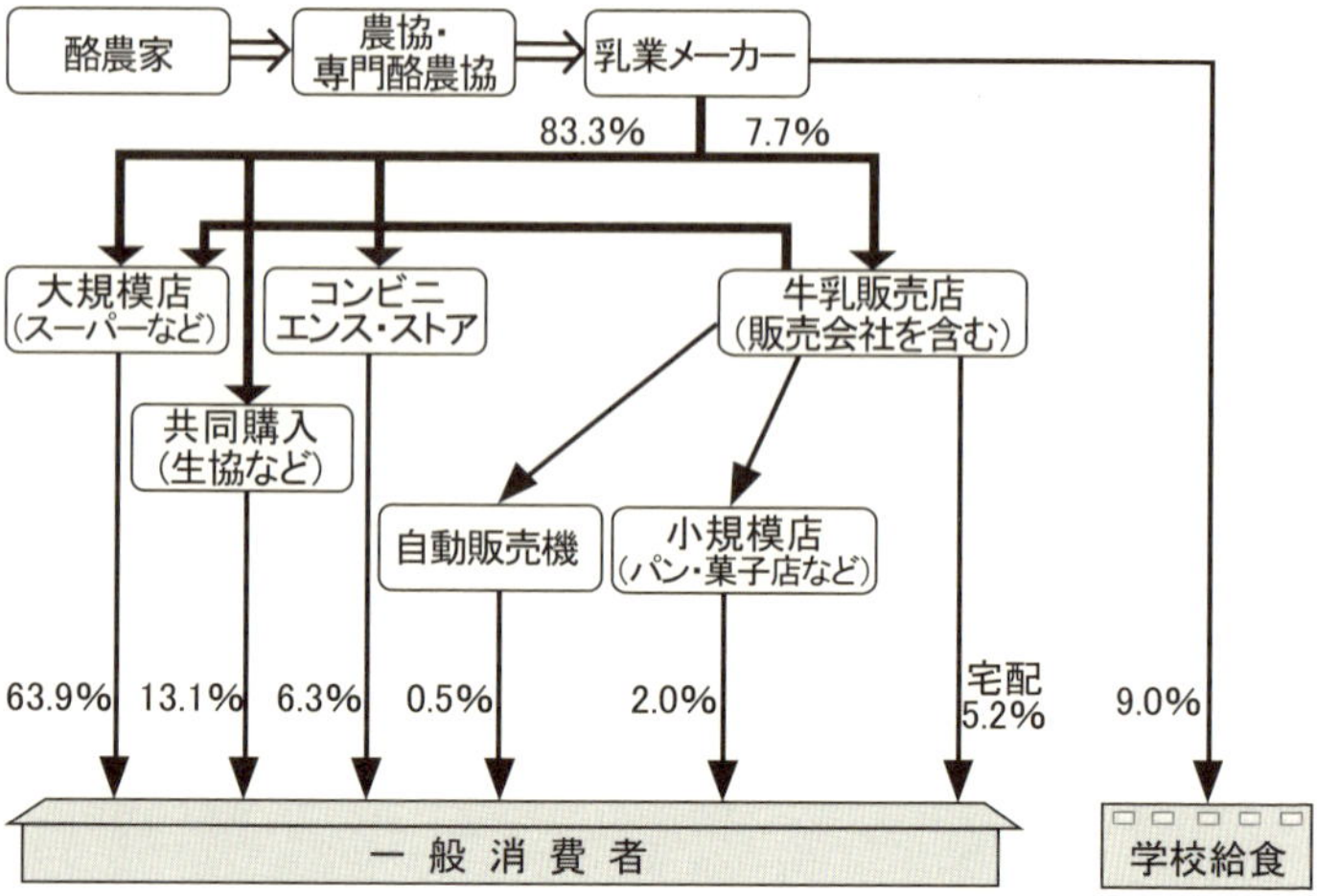

（出典）中央酪農会議のホームページをもとに作成。

◇牛乳の流通はどうなっているのか

スーパーは牛乳を低価格にし、できるだけ店の奥に置き、牛乳を目当てに来たお客に利益率の高い商品を売るという商法を考えた。流通業者たちは、最初から牛乳で利益を得ようとはしていない。

牛乳の流通経路を図2に示した。日本の牛乳プラントは、ほとんどが農協系統の傘下にある。たとえば、酪農家は農協や酪農専門農業協同組合（専門酪農協）に一ℓ七〇～九〇円で卸す。乳脂肪分が三・五％以下になれば、半値の三五～四五円の場合もある。

それを乳業メーカーが一一〇～一一五円で買い、スーパーなどの大規模店へ。この価格は一二〇～一五〇円程度と想像される。

大手乳業メーカーの代理店をしている牛乳

スーパーにずらりと並んだ牛乳。客引き用の目玉商品だ

販売店（特約店）が仕入れ値を割って卸す場合もある。こうした特約店はメーカーに、一本あたり一〇円前後の特売補助金を支払う。仮に酪農家が牛乳を直接スーパーなどへ販売しても、自社プラントをもたないかぎり、農協に一ℓ三〇円程度のマージンを支払わなければならない（第3章参照）。

安易な大量生産で価値の低い商品になった

スーパーは仕入れ価格より安く売る場合もある。一ℓ入りパックの販売価格が二〇〇円を切れば、儲けはない。しかし、二本で二九八円の牛乳などをスーパーで見かける。業界ではこれを「ニイ、キュ、パッ」と呼ぶ。客引き用の目玉商品として、利益を度外視して売るのだ。価値を価格で表現するとすれば、牛乳は価値の低い商品とみなされている。

牛乳は多くの飲料と違って、工場で大量生産できるものではない。酪農家が一年間一日も休まず牛を世話し続けて、生産される。そして、栄養価が高い、本来は価値のある商品だ。しかし、現在の流通システムでは、多頭飼育・大量生産という手段しか酪農家がとる選択肢は存在しない。

牛乳の本来の価値と現在の価格がここまでかけ離れ、酪農家の再生産すら保証できない低乳価が続けば、酪農という産業そのものの存亡にかかわる。それは、すでに現実の問題となっている。

事実、酪農家戸数の減少のみならず、増大の一途をたどってきた飼養頭数も八五年の二一一万頭をピークに減少に転じた。〇六年の飼養頭数は一六〇万九〇〇〇頭で、対前年比は二・〇%の減少である(ただし、一戸あたりの飼養頭数は増え続けている)。今後、国際競争力の強化という大義名分のもとに、さらなる乳価の引き下げが行われるだろう。これまでは乳価の下落を規模拡大で補ってきたが、その延長線上にはたして展望があるのだろうか。

物価の優等生と言われる牛乳は、実は生産者である酪農家と飼育される乳牛をないがしろにして成り立っている。その実態を、消費者や流通業者はあまりにも知らなすぎる。

乳価の下落は酪農家にとってはまったく心外であり、生産者の誇りをずたずたに傷つけられた。価値の低くなった商品を大量に供給し、「おいしさよりも便利さ」を優先する風潮は、牛乳業界のみならず食品業界全体に広がっている。食品添加物が含まれる食品が多く出回りはじめたのも、牛乳パックが出現したころからだろう。当時、食品の安全性についての関心は現在のように高くなかった。

牛乳の生産量も消費量も減っている現状をどうとらえるべきだろうか。二一世紀に入って生産量が減ってきているのは、生産調整のためではない。雪印乳業の中毒事件やＢＳＥ事件の延長として、生産・流通の実態や餌の安全性などに消費者が関心をもちはじめたからだろう。その根底には、牛乳への不信感があると思われる。

乳量を追い求めるために輸入飼料に頼り、牛を虐待する酪農が続くかぎり、そして消費者が安心して飲める牛乳が販売されないかぎり、生産量は増えないだろう。ただし、生産量が増えればよいかと言うと、決してそうではない。

牛乳の本質を追究しないまま、安易な大量生産に走った日本酪農のゆがんだ姿が、工業的なほかの飲料との厳しい価格競争を招いた。牛乳はいま、コカ・コーラと同じようなコンセプトで生産されている。当然、価格はコカ・コーラと同レベルとなる。酪農学園大学名誉教授の桜井豊博士は、こう厳しく指摘する。

「牛舎という工場で、牛というロボットに、輸入飼料という原材料を用いて、牛乳という工業製品を生産させているのが、日本の酪農の実態である」

では、牛乳とほかの飲料との決定的な違いをどこに求めるべきか。乳牛の生乳である牛乳と、工場で大量生産される飲料との違いは、牛乳は本来ナチュラルでヘルシーであるという点ではないだろうか。

2　日本の乳業メーカー

一二八人が亡くなった森永ヒ素ミルク中毒事件

「ぼくは、はせがわくんが、きらいです。はせがわくんと、いたら、おもしろくないです。なにしてもへたやし、かっこわるいです。はなたらすし、はあ、がたがたやし、てえとあしひょろひょろやし、めえ、どこむいとんかわからへん」

これは、長谷川集平という人が書いた絵本『はせがわくんきらいや』（すばる書房、一九七六年。二〇〇三年にブッキングから復刊）の一文だ。

文中の「ぼく」は、はせがわくんのお母さんから「あの子は、赤ちゃんの時ヒ素という毒のはいったミルクを飲んだの。それから、体、こわしてしもたのよ」と聞かされて、こう言う。

「おばちゃんのゆうことようわからへんわ。なんで、そんなミルク飲ませたんや」

この絵本に出てくる「ぼく」は、身体障害者になったはせがわくんを「きらいや」と言いながら、どうしてもほうっておくことができない。親や先生から言われる「体の弱い人の面倒をみましょう」という形式的な感情や哀れみではなく、友だちとしての本能的感情によって湧き出てくる気持ちから世話をし、面倒をみてあげるのだった。

ヒ素と言えば九八年に和歌山県で起きたヒ素入りカレー事件を思いうかべる方が多いと思うが、五五年に起きた森永ヒ素ミルク中毒事件では、ヒ素によって最愛の子どもを失った母親が全国に一二八人もいた。死に至らないまでも、神経や臓器への障害をはじめ中毒症状が出た被害者は、二七府県で一万二一三一人。当時は障害を隠す傾向が強かったので、おそらくもっと多くの患者がいたであろう。財団法人ひかり協会によれば、〇二年三月末現在の被害者数は一万三四二〇人で、その多くが後遺症に苦しんでいる。

長谷川集平さんも、この事件の被害者のひとりだった。ヒ素が入っていたのは、森永乳業徳島工場で製造された缶入り粉ミルク（代用乳）「森永ドライミルク」。長谷川さんはこのヒ素が入ったミルクを三缶も飲んだという。母乳の出ない母親たちは、原因不明の病気で衰弱していく乳飲み子に少しでも栄養を摂らせたいと思って、粉ミルクを溶かし、小さな口に哺乳ビンの吸い口を強引に押し込んだ。

「いっぱい飲んで、早く元気になってほしい」

子をもつ母であれば、誰でも同じ思いだろう。ところが、日を追うごとに哺乳ビンを吸う力は弱くなっていく。

「もっと飲んで。飲まなければ、死んじゃうよ」

母親は猛毒のヒ素が混入しているとも知らず、わが子が息を引き取るまで粉ミルクを飲ませ続けたのだ。

当初は奇病扱いされていたが、岡山大学医学部で森永乳業の粉ミルクが原因であることが突き止められた。しかし、森永はなかなか責任を認めず、患者を放置する。その間、膨大な治療費を工面できず、後遺症を患ったまま、多くの被害者が不遇の人生を歩んできた。「乳の出ない女が母親になったのが悪かったんだ」と他人からは責められる。「子どもが手で払ったときに、なぜ気がつかなかったんだろう」と自分を責め続けた母親も多かった。知的障害の子どもをかかえ、世間の冷たい視線にさらされ、被害者であるにもかかわらず冷遇され続けたのである。

日本におけるレイチェル・カーソン的存在だとわたしが思っている天野慶之博士（元東京

水産大学学長）は、著書『おそるべき食物』（筑摩書房、一九五六年）で、消費者の責任はまったくないと述べている。

「近代的技術をつくして製造される調製粉乳についてその品質の良し悪しをめききするような力は消費者にないのである。愛育会とか医師たちが推奨し乳業会社自らが推薦するからその銘柄を信頼して母親は選んでいるので、また金も定価どおり払ったではないか」

誰が考えても、森永乳業に全面的な非があったことは間違いない。そこには、小学生の「ぼく」でも普通にいだく本能的感情すらもたない大資本の姿がある。そして、それこそが被害を拡大させた。

森永ヒ素ミルク中毒事件は、食の安全性が問われた最初の事件と言われている。森永乳業側が原因をミルク中のヒ素化合物と認めたのは、発生から一五年も経過した七〇年だ。民事訴訟に加えて、全森永製品の不買運動や厚生省（当時）との交渉などによって、ようやく森永に責任を認めさせ、補償を獲得したのである。

当時の森永乳業は、乳製品の売り上げでは明治乳業や雪印乳業をしのいでいた。しかし、裁判の長期化の影響やイメージダウンは拭いきれず、シェアを落としていく。

◆ヒ素はなぜ混入したのか

ヒ素が混入した原因は、牛乳の流通体制にあった。

当時は、搾乳設備や牛舎環境が劣悪な農家も多かった。生乳は輸送缶と呼ばれる鉄製の缶に入れ、川や井戸などの水で冷やすだけ。冷蔵設備はなく、道路状況も悪い。夏ともなれば、粉ミルク用や練乳（コンデンスミルク）用は炎天下を何時間もかけて牛乳工場に運び込んだ。

生乳は一〇℃以下で保存しなければ、すぐに細菌が増殖する。川や井戸水程度の冷却では、牛乳工場に運ばれた段階ですでに腐敗していることもあった。そこで、一層の腐敗を防ぐために乳質安定剤として添加したのが、第二リン酸ソーダである。これは工場の洗浄などに使われていた薬品であり、そのなかにヒ素が混入していた。

日本は伝統的な酪農国と異なり、チーズのような発酵食品ではなく、飲用牛乳の流通が多い。したがって、保存と輸送には高度な冷却技術が必要とされる。それが完成されるまでの過渡期にこの事件が起きたのである。

六〇年代末以降、手による搾乳から搾乳機（ミルカー）による搾乳に変わり、水での冷却から冷却機（バルククーラー）による冷却を酪農家は求められた。輸送方法は七〇年代なかば以降、輸送缶から保冷タンクローリーに変わる。さらに、道路整備の進展によって輸送時間が短縮していった。それと相まって牛乳の消費量が増え、酪農家の規模拡大が進んだ。時はあたかも高度経済成長期。大量生産に異議を唱える人はほとんどいなかった。

必然的に起きた雪印乳業の食中毒事件

日本の乳業は、大手三社と呼ばれる雪印乳業、森永乳業、明治乳業によってつくりあげられてきた。雪印は、北海道の大自然をイメージに森永ヒ素ミルク事件以降、明治乳業とトップを競い合っていたメーカーである。酪農家に対する影響力も大きく、北海道の発展の礎とまで言われた。創業者のひとり黒沢酉蔵《とりぞう》は「日本酪農の父」と言われ、酪農学園大学（江別市）の創設者でもある。彼は「健土、健民、健産」、つまり「健康な土、健康な国民、健康な産業によって総合的平和と総合的健康を追求しなければならない」と説いた。

しかし、近年の雪印乳業は、酪農家とともに発展するメーカーではなく、不当な低乳価を生産者に押しつける大資本というイメージが強い。消費者に安全な食品を届ける乳業メーカーとしての基本的モラルが欠落し、コスト至上主義を絶対命題としてきた。二〇〇〇年夏、近畿地方を中心に起きた雪印乳業の低脂肪乳による集団食中毒事件は、その結果と言える。被害者は死者一人を含む一万四七八〇人で、過去最大の食中毒と言われる。

問題の商品は、大阪工場（大阪市都島区）で生産された低脂肪乳。原料の脱脂粉乳を生産したのは、北海道の大樹《たいき》工場（北海道広尾郡大樹町）だ。大樹工場で停電が発生し、黄色ブドウ球菌が増殖して毒素が発生したのが、食中毒の原因である。同時に、出荷されずに残った製品や返品された製品を大阪工場で加工乳の原料として再利用していた事実も指摘された。賞味期限が切れた牛乳の回収・再利用は法律違反とは言えないため、業界では日常的に行われていたのである。しかし、牛乳のリサイクルなど消費者はまったく知らされていない。

雪印乳業は全生産工場の操業を全面停止。スーパーなど小売店から商品が撤去され、ブランドイメージは急激に低下した。石川哲郎社長（当時）が報道陣に向かって「わたしは寝てないんだよ」と怒鳴って大ブーイングを受けたのは、記憶に新しい。この事件は消費者の牛乳への不信感につながった。

事件の本当の原因は、一二〇～一三五℃の超高温殺菌を過信したためである。細菌や大腸菌の数が多少は多い生乳でも、搾乳日から四～五日経た生乳でも、超高温殺菌で菌を完全に死滅させれば商品になるというのが業界の常識だった。たしかに細菌や大腸菌は死滅するが、それは消費者がイメージする「フレッシュ」からはほど遠いものである。

日本でも、超高温殺菌牛乳の熱変性をいち早く危惧した識者はいた。有機農業運動のリーダーでもあった高松修氏は八〇年代に、こう述べている。

「UHT殺菌の牛乳では、可溶性のカルシウムの一部が失われる。また、化学反応によって不溶性のカルシウムに変化して吸収しにくくなる。タンパク質、とくにホエータンパク質は四〇％以上変性してしまう」（高松修『怖い牛乳 良い牛乳』ナショナル出版、一九八六年）

さらに、高松氏は、ロングライフ牛乳の容器の殺菌に使用される過酸化水素の発ガン性も指摘した。しかしながら、日本人の大半は超高温殺菌牛乳を飲み続けている。

◆牛乳の再利用はなくなっていない

この事件をきっかけに、「牛乳」という商品名の基準が厳しくなり、コーヒー牛乳やフルーツ牛乳という名称は使えなくなる。乳製品の再利用については社団法人日本乳業協会が「飲用乳の製品の再利用に関するガイドライン」を〇一年五月に作成。再利用の対象製品、量、回数などを制限して、工場の冷蔵管理下にある限られた一定量の製品についてのみ行われることとなった。牛乳を加工乳や乳飲料、加工乳や乳飲料を乳飲料として再利用することは、現在も認められている。

雪印乳業はその後、全国農協直販（全農系）、ジャパンミルクネット（全国酪農業協同組合連合会＝全酪連系）と三社で、牛乳・乳製品の製造・販売を目的とした日本ミルクコミュニティ株式会社を〇三年に設立した。新ブランド名は「メグミルク」（MEGMILK）。赤いパッケージで売られている。「雪印牛乳」というブランド名は消えたのだ。全農系は偽装表示、全酪連系は加工乳を牛乳と偽装販売した事件を起こした。すねに傷がある三社による、当時の名前を名乗りづらい者同士の経営統合である。

食は命そのものだ。地産地消を原則にし、酪農家、乳業メーカー、消費者いずれもの顔の見える関係の構築こそが消費者の健康を守り、日本の酪農を守っていく。

ところが、大手乳業メーカーは「小さな乳業メーカーは衛生管理が不徹底だ。しかも、低温殺菌だから品質に問題がある」と誹謗してきた。これに対して、小規模メーカーは黙々と衛生管理を徹底してきたが、行政は九六年以降「乳業再編」の名のもとに地域に根ざした小規模メーカーを廃業に追い込み、大手メーカーに集中させてきたのである。

雪印乳業の創業者たちは、変節した会社をどう見ているだろうか。

◈大手乳業メーカーの国内シェア

〇五年度の牛乳類の国内販売額は七七二〇億円と、前年度比二・九％減となった。シェアは、明治乳業一六・六％、日本ミルクコミュニティ一一・六％、森永乳業九・七％と続き、この三社で三八％を占めている。

雪印乳業の食中毒事件後、雪印は国内シェアのトップを明治乳業に明け渡した。その減り方は凄まじい。九九年度と〇〇年度を比較すると、シェアは二〇・二％から一一・一％でトップから一気に九位へ転落し、販売量は一二三・一万klから六・四万klと二〇分の一に激減したのだ（その後、三位に回復）。そして、雪印解体後は、明治、日本ミルクコミュニティ、森永の順である（表3）。〇五年度の動向を日経産業新聞『日経市場占有率〈二〇〇七年版〉』（日本経済新聞社、二〇〇六年）を参考に、紹介しよう。

表3　乳業メーカーの国内シェアの推移

年度	1位	2位	3位	4位
95	雪印乳業	明治乳業	森永乳業	全酪連
99	雪印乳業	明治乳業	森永乳業	全農直販
00	明治乳業	森永乳業	全農直販	全酪連
02	明治乳業	森永乳業	雪印乳業	全農直販
05	明治乳業	日本ミルクコミュニティ	森永乳業	タカナシ乳業

（出典）日刊経済通信社調査部編『酒類食品産業の生産・販売シェア〈平成13年度版〉』日刊経済通信社、2001年。日経産業新聞編『日経市場占有率〈2007年版〉』日本経済新聞社、2006年。

「牛乳離れ」が進むなか、明治乳業の「明治おいしい牛乳」が前年比九％増と好調で、パック入り牛乳としてはヒット商品となった。日本ミルクコミュニティは、乳飲料が好調だった反面、地域ブランド牛乳が苦戦し、牛乳類全般の販売額は落ち込んだ。森永乳業も明治と同じく「おいしい牛乳」路線で、「森永のおいしい牛乳」が前年度比一六％という伸びを示した。

また、明治乳業と森永乳業の超高温殺菌牛乳「おいしい牛乳」が売れる一方で、タカナシ乳業は低温殺菌タイプが好調。グリコ乳業に代わって四位に進出し、上位五社のうち唯一販売額を伸ばしている。

◆牛乳を飲むとおなかをこわす人がいる理由

ところで、石川社長は、「乳糖(ラクトース)不耐症の人がいるから、下痢をするのは当たり前だ」とも発言した。この発言は、メディアであまり取り上げられていない。

牛乳を飲むと、軟便や下痢が起きる場合がある。「おなかがゴロゴロするから、牛乳は飲めない」と言う人もいる。症状が重い場合は乳糖不耐症と呼ばれる。これは、牛乳に含まれる乳糖がうまく消化されないために起こる現象だ。

牛乳を飲むと、おなかの中でラクターゼという酵素が働いて、乳糖はブドウ糖とガラクトースに分解される。ただし、生まれつきラクターゼの働きが強い人と弱い人がいる。弱ければ乳糖を分解できず、うまく消化できない。欧米人に比べてアジア人やアフリカ人はこの酵素の働きが弱く、日本人は中間に位置する。また、年齢を重ねるにつれて働きは弱くなる。

低温殺菌牛乳やノンホモ牛乳の場合は、おなかが牛乳を固体と同じように認識してゆっくりと消化されるので、乳糖不耐症の人でもおなかをこわさなくてすむケースもある。ノンホモ牛乳を少しずつ飲んで試しているうちに「おなかをこわさなくなった」と言う人もいる。冷たさに反応して下痢を誘発する場合もあるから、温めて飲むのもいい。

離乳後の子どもも、乳糖不耐症でおなかをこわす場合がある。子どもに牛乳を飲ませる場合は注意が必要だ。また、牛乳アレルギーと乳糖不耐症は、まったく別のものである。

3　牛たちの環境

◈必然的に発生した狂牛病（BSE）

牛海綿状脳症（Bovine Spongiform Encephalopathy＝BSE）は、牛の脳の中に空洞ができ、スポンジ（海綿）状になる病気だ。飼料として与えていた肉骨粉が感染源とみられる。八六年にイギリスで発生して以来、ヨーロッパ各国で十数万頭の発病が報告されている。感染牛はすべて焼却処分された。

日本で最初に感染が確認されたのは〇一年九月で、千葉県。その後、北海道、神奈川県、熊本県で発生し（いずれも乳用牛）、獣医師の自殺も起きた。〇六年三月には、長崎県壱岐《いき》市ではじめて肉用牛の感染も確認された。国内での感染牛は三一頭にものぼっている（〇七年一月現在）。

人間へは感染牛の脳や骨髄、リンパ節などを直接食べないかぎり、感染しないと言われている。これまでの感染者は、イギリスを中心に百数十人。症状はアルツハイマー的な脳障害であり、非常に危険な病気だ。

「牛用の配合飼料には、狂牛病発生の原因とみられる肉骨粉は使われていない」と、業界関係者は当初、言った。だが、子牛の代用乳に混入された感染牛の肉骨粉が原因としか考えられない。

狂牛病問題が起きたとき、わたしは「肉骨粉をどう思いますか?」と何度も聞かれた。ところが、多くの酪農家は飼料に肉骨粉が含まれていたことすら知らなかったのである。知る必要もなかったと言ったほうが正しいだろう。なぜなら、飼料用のタンク車で搬入された配合飼料の袋を開いて餌を牛舎の近くに設置した巨大な飼料専用タンクに入れ、牛に食べさせるだけだからである。牛に何を食べさせているかという想像力はない。もちろん、牛はそんな肉を食べさせられているなど知るよしもない。

昭和三〇年代に山地《やまち》酪農を提唱した猶原恭爾《ならはらきょうじ》博士(九一ページ参照)は、「牛に配合飼料を食わせるな。何が入っているかわからない」と言われた。しかし、とにかく乳脂肪分三・五%の牛乳を大量に生産するシステムのもとでは、酪農家は牛の飼料について考える余裕すらない。飼料メーカーは、肉骨粉が含まれていることをわかっていたのである。

農水省はEUの専門家委員会による警告に抗議の書簡を送付した。これは、結果的に大きな汚点となっている。アメリカ産牛肉の輸入再開についても同様だが、消費者の食の安全よりもメンツや貿易摩擦の解消を優先するという為政者の意識の現れにほかならない。

◆輸入濃厚飼料に依存した畜産

現在の日本の畜産は、輸入濃厚飼料なくしては成り立たない。家畜のおもな餌となっているのは、トウモロコシ、大麦、小麦、大豆などの穀物だ。これらを中心に、家畜の成長に必要な栄養分を添加した配合飼料を与える。濃厚飼料の自給率は一〇%にすぎない。世界中で八億人もが飢餓で苦しんでいるとき、乳量や乳脂肪分の多さを求めて、人間が食べられる穀物を餌に与えて牛乳や肉を生産しているのが、酪農をはじめとする日本の畜産である。それは、本当に必要な、倫理的にみて正当な産業だろうか。

本来、穀物が生産できる地域では酪農は必要ない。人間の主食は穀物だ。畜産は穀物生産に不適な地域で行う農業の一形態である。だから、酪農は北欧やモンゴルで盛んで、こうした地域ではチーズをはじめとする乳製品をおもに食べてきた。

トウモロコシを中心とした穀物は、アメリカの一大輸出産業だ。日本の高度経済成長は工業製品のアメリカなどへの輸出によって可能となった。その見返りとして、アメリカの余剰穀物をなかば強制的に処理するために日本の酪農をはじめとする畜産があったという見方もできる。日本が輸入するトウモロコシの九五%、大豆の七二%はアメリカからである。また、餌に含まれる硝酸態窒素やポストハーベスト農薬（収穫後に添加される農薬）の問題も検証していかなければならない。

規模の拡大によって配合飼料は大量に輸入され、アメリカの穀物メジャー、日本の商社、農協は大きな利益を得ていく。大手乳業メーカーも同様である。明治乳業は明治飼糧、雪印乳業は雪印種苗、森永乳業は森永酪農販売と、関連企業として配合飼料の輸入・製造・販売を行う会社をもっているからだ（森永乳業は酪農部で扱ってきたが、〇六年四月に森永酪農販売へ移管した）。

規模が拡大すれば、施設や機械への高額な投資が必要になる。それは農水省の補助事業によって行われ、農協が窓口となり、莫大な資金が農機具メーカー、大手ゼネコンをはじめとする建設業界に流れた。国の補助事業で建設される牧場は立派な牛舎を備えるため、建設業界もうるおうのだ。一方で、コスト削減という大義名分のもとに、酪農の本道である放牧すら否定されていく。

ただし、濃厚飼料だけでは草食動物である牛は死んでしまうから、草も適宜食べさせる。しかし、こうした粗飼料も四分の一は外国から輸入している。博多港で働くある労働者が言っていた。

「アメリカから輸入された牧草に青酸ガスをかけるけん、防毒マスクをして働いているとよ」

これが厚生労働省が輸入を認めた牧草である。

酪農の原点への回帰

世界的な人口の急増と耕作地の砂漠化で、さらなる食糧危機が差し迫っている。もはや家畜に穀物を食べさせている時代ではない。日本人は、飢餓に苦しむ国ぐにの人たちに穀物を譲るべきである。輸入穀物飼料に依存しない型でなければ、今後の日本酪農の存続はないと断言できる。

ホルスタイン種の年間乳量は七五年ごろまでは四〇〇〇〜六〇〇〇kg、乳脂肪分は三・二〜三・五%だった。それがこの四半世紀で、乳量は多い牛では九〇〇〇kgにまで増え、乳脂肪分も三・六〜四%と高くなる。これを可能にしたのが輸入穀物飼料である。「乳脂肪分が高ければいい」とか「牛肉は霜降りに限る」と言って、輸入穀物飼料への依存度が高まってきた。

乳量の多さと乳脂肪分の濃さだけが乳牛と牛乳の価値基準とされ、食の安全、乳牛の健康、酪農家の労働時間、糞尿の環境への影響などは無視されてきた。それが、輸入穀物飼料への依存体質に拍車をかけていく。自由主義経済体制では考えられない農協による一元的な販売システムの矛盾がこの価値観の形成のもとになったことも、否めない事実だ。

酪農や畜産の原点は、人間が食べられない草を餌として、栄養豊富な牛乳や肉を生産することである。草によって生産されるのが牛乳や肉だ。輸入穀物飼料に依存せず、国内で生産した草を中心とする飼養管理技術を構築し、そこから生産される牛乳や乳製品への認知度を高めていく必要がある。今後は、濃い牛乳よりも安全な牛乳、大量生産ではなく少量生産をめざさなければならない。

牛たちの悲痛な叫びが聞こえる

牛の主食はもともと草だ。なかでも、筋が入った繊維質の多い牧草を好む。わたしたち人間は、こうした繊維質の多い草を食べられない。人間の胃袋は繊維質をうまく消化できないが、牛は消化できる。その秘密は牛の胃袋にある。

人間の胃袋はひとつだが、牛の胃袋は四つ。腹の四分の三を占めるのが食道から最初に餌が入る大きな第一胃で、ルーメンと呼ばれる。人間の胃袋は消化酵素によって食べたものを分解するが、ルーメンには多くの微生物がいる。この微生物にこそ、牛が筋の入った草を食べる秘密がある。微生物が草の繊維を分解し、自らは増殖する。それによって草を吸収できる成分にするのだ。

増殖した微生物は、ルーメンに続く第四胃で分泌された胃液によって消化される。そして、草に含まれるタンパク質がより栄養価の高い動物性のタンパク質となって牛に吸収される。

牛はじっと座って口をモグモグさせている。これは反芻《はんすう》と言われ、飲み込んだ草をもう一度口に戻して、細かくした草と唾液を混ぜているのだ。唾液には消化酵素は含まれていないが、微生物を増殖させる成分が含まれている。反芻は胃袋の働きを助けるわけだ。ところが、穀物を与えた場合は、このすばらしい牛の能力は発揮されない。

穀物飼料の多量給与は、乳牛の消化機能にも重大な障害を引き起こす。栄養価が高いため、穀物を消化する第四胃の病気（四変《ヨンペン》と呼ばれる）が蔓延する。また、巨大化した体重を、牛舎につながれて運動しないために虚弱化した四肢で支えるから、関節炎や蹄病《ていびょう》が多発している。このような不健康な牛から生産された牛乳を消費者は日々、飲まされているのだ。

牛は人間が消化できる穀物を食べずに、人間が消化できない草だけを食べて、牛乳を生産できる。牛に狂牛病が発生し、鶏に鳥インフルエンザが発生した。これは、独占的な流通の傘下で骨抜きにされ、反逆もできない酪農家と養鶏農家に代わる、家畜たちの反逆にほかならない。

「オレたちを虐待的な飼育から解放してくれ！　新鮮な空気とさんさんと降り注ぐ太陽の

下、野にいて自由に草を食《は》む飼育に替えてくれ！」

わたしには、そんな家畜たちの声が聞こえてならない。

牛の種類と乳量の推移

ホルスタイン（上）とジャージー（下）

ホルスタインの原産地はオランダ。日本には、明治時代初めにアメリカから輸入された。その後、ジャージーが入ってきた。ジャージーはフランスにほど近いジャージー島（イギリス）の原産で、乳脂肪分は五％程度と高く、体は小さく、眼がきょろきょろしている。そのほかにブラウン・スイスや茶色のガンジーがある。また、牛にも「美人コンテスト」がある。正式名称は全日本ホルスタイン共進会と全日本ジャージー共進会。代表となった牛たちが毛並みをそろえ、体型のよさや資質の改良度を競う。

ホルスタインはもともと粗食に耐えられる牛だが、改良に改良を重ね、配合飼料を与えることで、乳がたくさん出るようになった。七〇年代は体重五〇〇～七〇〇kg、一日約一三～二〇ℓの乳を出し、供用年数は一〇年。いまでは体重八〇〇kg、一日三〇ℓの乳を出し、供用年数は四～五年。年間平均乳量は、四〇〇〇～六〇〇〇kgから九〇〇〇kgに増えた。二万kg出す牛もいる。まさにミルクタンク状態だ。乳量だけを期待され、上げ膳据え膳状態の運動不足では、供用年数が短いのは当然かもしれない。

管理された牛の一生

ここで、一般的な乳牛の育て方を紹介しよう。子牛は生まれると、約一週間だけは母牛のホンモノの乳を飲む。ただし、母牛から飲むのではなく、人間が飲ませる。その後、一カ月～一カ月半ぐらい人工乳を飲む。

「雄牛って、牛乳が出るの？」

「牛って、いつでも牛乳が出るの？」

ときどき、こんな質問を受ける。お母さんしかおっぱいが出ない人間と同じで、雄牛も乳は出ない。雄牛は肉牛になる。

また、乳は人間も牛も子どもを育てるためのものである。子どもが生まれないと女性のおっぱいが出ないのと同じで、雌牛も子どもを産まなければ乳は出ない。お産の技術は人間と同じく進んだが、異常出産も多くなった。また、母子をすぐに分離させるので、ほとんどの子牛は人間を母親と思っている。

雌牛は輸入された配合飼料や干し草やサイレージを食べ、牛舎で一生を過ごす。一四〜一八カ月をむかえると、最初の人工授精を行う。通常、人工授精の雄牛の精液は、三回保証で七〇〇〇〜八〇〇〇円だ。能力が高い系統の雄牛の精液を使うと、一回三万円程度かかる。能力の基準は乳量の多さで、どんな雄牛を使うかによって改良を重ねていく。

雌牛は九カ月で出産し、また人工授精を行う。出産前の二カ月間は搾乳をストップするが、出産と搾乳という一年間のサイクルが一生続く。分娩間隔をあけずに無駄なくこのサイクルを続けていかなければ、経済効率がよくない。だが、牛にしてみればたまったものではない。妊娠しない雌牛は肥育農家へ市場をとおして販売され、肉になる。

牛の体はすべて人間が管理する。まず、生後一〜二カ月で角を専用のハサミで切る。人間に危害を与えるという理由からだ。切った跡を血止めのためコテで焼く。牛たちは「ギャー」

と声をあげて鳴く。角のない牛は、牙のない虎と同じで、わたしに言わせればマンガのような存在である。角は牛のシンボルそのものだ。その角を取られて出る乳が水より安く売られる。これでは牛のプライドも傷つくしかない。

山を歩く放牧の牛と違って、運動しない牛の爪は伸び放題となる。歩かないので、爪が擦り減らないからである。そこで、削蹄師《さくていし》が一年に二回出入りして、伸び放題になった爪を切る。また、しっぽは搾乳のときに邪魔だからという理由で、ゴムバンドできつく締めて壊死《えし》させることもある。鼻にはリング状の輪がかけられている。これは鼻かんと呼び、つかまえやすくするためだ。麻酔もせずに、鋭い刃物で鼻に穴を開けて、鼻かんをつける。

現在の中洞牧場では、これらはいずれも行っていない。

一頭あたり一坪もない過密状態で、生まれてすぐに親から引き離され、太陽は見えず、きれいな空気も吸えない。発情が弱い場合は獣医にホルモン剤を注射されて、強制的に妊娠させられる。牛はたしかに経済動物だが、これらすべては人間の都合でしかない。動物虐待と指摘されても致し方ないだろう。

巨大な乳牛が密飼いされている様子は、消費者にとって異様な光景と映るはずだ。消費者のイメージする牛乳は、「悠々と草を食む牛から生産された」ものだろう。しかし、現実には、そうした牧場はごくわずかしかない。密飼いする酪農家も自分のところを「ぼくじょう」と言う。だが、放牧されている「まきば」とは、それはまったく違う。

◈品質管理の向こうに見え隠れするもの

雪印乳業の食中毒事件を教訓として、現在の業界トップである明治乳業は品質管理にかなり力を入れているようだ。ホームページによれば、「HACCP（ハサップ）」（NASAが開発した衛生管理システム。モニタリングと記録により品質を保証）、「ESL技術」（賞味期限の延長を可能にした、明治乳業が誇る衛生管理の技術）、「製造実行システム（MES）」（ITを駆使して製造現場のさまざまな情報を管理し、生産効率改善と人為的ミスの削除に効果を発揮）の三つによる品質保証を掲げている。また、ハサップの説明の冒頭は、「健康な乳牛から搾られた『乳』」だ。しかし、牛がどうやって一生を過ごし、何を食べているのかには、まったくふれられていない。

〇六年秋には、国内初の有機認証「オーガニック牛乳」を北海道限定で販売した。牧草と飼料に農薬と化学肥料を一切使わず、有機JASの認証を受けた有機牛乳だという。そこで、明治乳業北海道支社に電話で確認してみた。

「北海道津別町の五軒の酪農家の牛乳です。有機飼料を与え、認定を受けた薬品以外は使用していません。そして、低ストレスな飼い方をして、北農会という認証団体から認証を受けました。放牧はしていません」

日本の有機ＪＡＳ制度では、輸入した有機飼料を牛に与えても、有機牛乳の認証は受けられる。地域の草を使わず、輸入飼料に依存し、家畜福祉を無視して放牧をしない「有機」酪農は、大きな矛盾をかかえている。畜産に関する日本の有機ＪＡＳ規格は、国際的基準である放牧を無視した玉虫色の規格と言わざるを得ない。

最近、スーパーなどでも低温殺菌牛乳を見かけるようになった。しかし、大半は輸入飼料を与えた舎飼いであり、一生つながれた不健康な牛から搾られた乳である。多くの自然食品店や生協などで販売されている商品にも、まったくと言ってよいほど放牧された牛から搾った牛乳は存在しない。殺菌方法だけではなく、どんな飼育をされた牛なのかにもぜひ関心をもってほしい。

また、大手乳業メーカーはいま賞味期限の延長に力を注いでいる。流通コストを削減できるというメリットがあるからだが、その裏には二つの戦略が見え隠れしている。ひとつは、日本の酪農では国際価格並みの小売価格は不可能なので、コストの安い海外から牛乳を輸入しようという戦略である。もうひとつは、日本の有機畜産基準が国際的に通用しないことを認識したうえで、本当の有機牛乳を海外から輸入しようという戦略である。

日本酪農の黎明期には、大手乳業メーカーも国内の酪農家とともに歩んできた。賞味期限のいたずらな延長は、乳業メーカーが国内の酪農家を見捨てる兆候とわたしは判断している。それが杞憂に終わることを念じてやまない。

4　牛乳の歴史と食生活の位置づけ

牛乳の醍醐味

古代の西洋では、ユートピアは「乳と蜜の流れる里」と呼ばれ、聖書には「乳は神が与えた最良の飲みもの」と表現されている。紀元前四〇〇〇年ごろ、エジプトやメソポタミア地方で牛乳が利用されていた。古代ギリシャの医学者ヒポクラテスは、「乳はもっとも完全に近い食べものである」と述べている。一万年前から利用されていたという説もある。いずれにせよ、西洋では牛乳の歴史は紀元前に遡る。

では、日本人が牛乳を飲みはじめたのはいつごろからだろうか。

特権階級では、その歴史は非常に古い。六世紀に百済《くだら》(現在の韓国)から来た智聡が、医学書や経典とともに牛乳の薬効や牛の飼育法が書かれた書物を持参したという記録が残っている。また、七世紀に中国からの帰化人が薬用として牛乳を日本にもたらしたともいう。

彼は学者で、医薬についてとくにくわしかったと言われる。中国に古くから牛乳を飲む歴史はないから、仏教の伝来とともにインドから伝わったと思われる。大化の改新(六四五年)のころには、智聡の子の善那が孝徳天皇に牛乳を献上し、天皇が「牛乳は人の体をよくする薬である」とたいそう喜んだという。

大宝律令(七〇一年)では酪農家(乳戸)が都の近くに集められ、皇族用の搾乳場が定められた。天皇、皇后、皇太子が飲んだ量は一日二・三ℓ。残った牛乳は煮詰めて「蘇」という乳製品をつくったという記録もある。七一八年には蘇の献上を諸国に命じたそうだ。

「醍醐味」は、当時の牛乳から生まれた言葉である。乳製品の「蘇」と「酪」(いまのヨーグルトに近いとも言われる)の最上級品が「醍醐」と呼ばれていたという。それは「第五」の味覚からできた言葉とも言われ、おいしさの最上級の表現とされていた。

このころ朝廷に「蘇」を献納する制度である貢蘇が確立され、朝廷の医薬を司る乳牛院という役所(「典薬寮」と呼ばれた)が設置されている。いわば、酪農行政の始まりだ。牛乳の栄養的評価は、現在とはまったく隔世の感がある。牛乳は特権階級の医薬品として用いられ、そのために行政組織がつくられていたのだから。いまでは、「読書の醍醐味」と言うように、牛乳とは関連のない意味で使われているが、再度「醍醐味」で牛乳が再評価される日が来ることを願ってやまない。

◆政治力のバロメーターだった牛乳

平安時代の終わりになると、牛乳は歴史上から消える。おそらく、肉食を否定した仏教の影響が大きかったのだろう。以後、江戸時代まで牛乳についての文献は見当たらない。一五九六年、宣教師が貧民のための乳児院を長崎に建て、牛乳を飲ませたものの、キリシタン弾圧で廃止になったと言われる。

一七世紀前半、徳川家光（三代将軍）の時代、オランダ人によって牛乳の栄養的価値があらためて伝えられる。それは当時の蘭学者や蘭医に知られ、蘇や酪がつくられることもあったという。平安時代までは医薬品として病気に対する効能があると信じられていたが、江戸時代は人体の滋養に役立ち、それによって気力が増すことが治療に効果的だという考え方が普及した。これはオランダの蘭学思想にもとづくと思われる。

また、一七一二年（正徳二年）ごろに出版された百科事典『和漢三才図会《わかんさんさいずえ》』で、乳腐《にゅうふ》というチーズのようなものが紹介されている。「乳腐を造るにはボウトル一斗を持って網濾し」と記述され、「甘微寒なり五臓を潤し大小便を利し」と、その効用があげられているのだ。「ボウトル」とはオランダ語でチーズを意味するが、当時の日本では牛乳を指していたようだ。

その後、徳川吉宗（八代将軍）が一七二七年（享保一二年）に、オランダ人の獣医カピタンから馬の治療用に牛乳の必要性を教えられる。そして、インドから白牛三頭を輸入して、千葉県の嶺岡《みねおか》牧場（南房総市）で飼育させたのが、近代酪農の始まりとされている。この牛は「将軍家御用」として、非常な格式をもって取り扱われたという。牛乳から搾った乳は加工されて「白牛酪」と呼ばれ、将軍や大名の食膳に供せられ、滋養強壮剤として珍重された。

白牛の頭数はしだいに増え、最盛期には七〇頭にもなったそうだ。やがて白牛酪は一般販売され、それをもって徳川政治の評価が高まったと言われる。だが、庶民にどの程度まで普及していたかは定かではない。少なくとも、くまなく普及してはいなかったと思われる。相当に滋養のある高価な食べものであったことは間違いない。

いずれにせよ、牛乳が政治力のひとつのバロメーターになっていたわけで、現在の食生活から考えれば想像もつかない。

永田町の牧場

日本酪農の発祥の地と名乗るところは全国に数カ所ある。本格的な産業として定着した場所を発祥の地とみなせば、どこになるだろうか。

牧場と言えば広大な放牧地が広がる光景を想像する。だが、意外にも日本の酪農は大都市を中心に発展してきた。前述の嶺岡牧場はあくまで将軍家の牧場であり、酪農が最初に産業として定着したのは港町・横浜である。外国人が経営する牧場で技術を身につけた前田留吉が一八六六年（慶応二年）に、日本人ではじめて牧場を開いた。当時は、搾乳業者とか牛乳屋と呼ばれていたという。前田は江戸時代末期、外国人の大きな体格を見て、「これは牛乳を飲むからだ」と考えて、牛の飼育、搾乳、販売を始めたそうだ。また、アイスクリームの販売開始は一八六九年（明治二年）で、やはり横浜である。

このころは、おもに横浜に住む外国人が自分たちの牛乳を生産するために牛を飼い、牛乳を搾っていた。やがて、明治維新で職を失った武士に文化的産業として広がっていく。永田町周辺で多くの牛が飼われた。大名や旗本の屋敷跡で牛が飼われ、牛乳を販売していたのだ。公爵や子爵が牛乳屋を経営し、配達員が大きな缶で一軒一軒を量り売りしたという。

一八七一年（明治四年）には、「天皇が毎日二回ずつ牛乳を飲む」という記事が新聞に載り、国民の間にも牛乳が徐々に広まった。ミーハーな日本人が「文明開化」の名のもとに、欧米文化を真似る時代である。牛乳はとりわけステイタスが高かったようだ。それを裏づけるように、有名人がこぞって搾乳業を始めている。

『野菊の墓』を書いた伊藤左千夫、長州藩士で後に総理大臣を務めた山県有朋《やまがたありとも》、旧幕臣で外務大臣・逓信大臣を務めた東京農業大学創始者である榎本武揚《えのもとたけあき》、日本銀行を設立した松《まつ》方正義《かたまさよし》……。錚々《そうそう》たる人びとが牛を飼ったり、牛乳屋を経営させたりしていたのである。

マッカーサーと牛乳

その後、一九三〇年代に各地に練乳工場が広がり、乳業メーカーができて、バターなどの乳製品が製造されるようになる。しかし、第二次世界大戦前は国民にくまなく牛乳と乳製品が普及するまでには至らなかった。病人食や富裕層の飲みものだったようだ。

食卓に普通に牛乳があるという食生活は、戦後に確立したものである。連合国軍最高司令官ダグラス・マッカーサーが昭和天皇と並んで撮った写真では、体格の差が歴然としていた。「身長は三分の二、体重は半分ぐらいかな」「どうしたってかなわないよな」「これで戦争に勝てるわけがない」と両者の体格の差に国力の差をだぶらせた国民も多かっただろう。

「戦争に負けたのは、食生活の違いで体力に差があったからだ」

「米を食えばバカになる。パンと牛乳、卵に肉を食べなければ、体格の向上は図れない」

こんな理論が、御用学者を中心にマスコミを通じてまことしやかに言われた。

そして、学校給食にパンと脱脂粉乳が取り入れられていく。一般家庭の食卓に宅配によって牛乳が普通に登場したのは、一九五〇年代後半である。いまでは食卓に欠かせないが、その歴史は意外に浅い。

敗戦で属国の立場とはいえ、伝統的食文化の否定に何ら疑問をもたないこと自体、尋常な思考がなされなかった時代である。当時からアメリカは農業大国であり、余剰穀物を大量にかかえていた。それを食料や家畜の餌として日本に売り込むために、給食と畜産を普及させたのだ。畜産は、まさにマッカーサーの指令で拡大した産業と言える。

日本政府も有畜農家創設特別措置法(一九五三年)や酪農振興法(一九五四年)をつくり、補助金を出して、酪農を中心とした畜産の普及に努めた。「戦後が終わった」と言われた五〇年代なかばから、全国の農家に乳牛が導入される。このころ酪農という言葉が一般にも広がる。当時は、米や野菜の栽培をしながら農業の一部門として乳牛を飼い、乳を搾るという、有畜複合農業であった。

わが家では六〇年代前半まで、自分の家で搾った牛乳をふんだんに飲み、市販の牛乳を飲むことはなかった。わたしがはじめてビン入りの牛乳を飲んだのは、一〇歳ごろで、宮古市の中心部まで出かけたときだ。わが家で飲む牛乳と違って、とてもさらりとしていたと記憶している。

それは、わが家の牛乳とは「似て非なるもの」だった。ビンに入っているだけで格好がよく、ハイカラだった。この牛乳と食パンの相性がとてもよい。中心部へ行くと、必ずビン入りの牛乳と何もつけない食パンを食べた。パンに何もつけなくてもおいしく食べられた。

わたしが通っていた中学校は山間部にあり、牛乳屋からも遠かったので、脱脂粉乳から牛乳に切り替わったのは六五年ごろと、かなり遅い。各地に酪農が広まり、近くにも小さな牛乳屋ができたのである。

そのころ、牛乳屋の子どもが書いた作文に、「うちのお父さんは朝起きると、牛乳に水を加えます」という文章があった。これは、当時の牛乳業界では一般的に行われ、決して悪いこととは考えられていなかった。

◈国内の草の量で生産できる量に減らす

「日本に酪農と牛乳は必要なのか」という問いに、わたしはこう答える。

「いまのように大量に必要はありません」

当然、同業者である酪農家や乳業メーカーからのお叱りは覚悟のうえだ。

日本民族の歴史は縄文時代まで遡れば、数万年である。そのなかで日常的に牛乳を飲むようになって、わずか五〇年足らずだ。それ以前の食習慣に牛乳は存在していない。

わたしはストイックな自然食主義者ではない。ときにはインスタントラーメンを食べるし、コンビニで弁当を買うこともある。しかし、日本民族が数千年にわたって構築してきた食文化は決して無視できない。

日本には縄文、弥生のむかしから、伝統的な食文化があった。わたしが暮らす北上山系の一九五〇年代までの食生活を「縄文人の末裔」の食事と表現した研究者がいる。数千年に及ぶ米、雑穀、野菜、海草、小魚を中心にした食生活がそれだ。仏教文化の影響もあり、畜産物は食文化に登場していない。いま「国民総半病人時代」とも言われ、欧米型食生活が反省され、伝統的な日本食が見直されつつある。そこに牛乳をどう位置づけるかが大きな課題だ。

五〇年代までの食生活では、牛乳は滋養豊富な健康飲料として評価が高かった。その後、工業的な大量生産が進み、不健康な牛から生産された不自然な牛乳となり、評価は下がっていく。だが、安ければよいという食生活が今後も続くとは思えない。

現在の日本の生乳の生産量は年間約八三〇万t、飲用牛乳は四二六万㎘だ（〇五年）。少子化や消費者の牛乳離れで、消費は低迷している。半分弱が生産されている北海道では生乳が過剰生産となり、〇六年三月には一〇〇〇tを産業廃棄物として廃棄。一二年ぶりに一万tの減産も決定した。

「牛乳を第二の米にしたくない」と小泉政権当時の中川昭一農林水産大臣は言ったが、とても楽観して聞ける言葉ではない。

日本の食卓を考えれば、ご飯に味噌汁、豆腐や納豆、魚、野菜の煮物やお浸しが基本だ。

肉は週に一回か二回でよいのではないだろうか。そのなかで、食卓の片隅にコップ一杯の牛乳がある。それが牛乳の存在ではないだろうか。

基本的には、牛乳の生産量は国内で生産できる草の量で上限を決めるべきだとわたしは考えている。当然、生産量は減り、価格は上昇する。牛乳は大量生産できないし、大量消費するものではない価値ある飲みものだという意識が浸透すれば、消費者は一定の価格の上昇は理解してくれるだろう。フレッシュな牛乳と海外からの輸入はそもそも矛盾する。いたずらに生産量を増やすのではなく、顔が見える関係を大事にしていきたい。

いまこそ牛乳の価値を復権させなければならない。消費者から本当に支持される牛乳は、健康な牛から生産された自然な牛乳であるはずだ。それこそが、消費者が安心して飲める牛乳である。

今後の日本人の食生活はどのようにあるべきか、国民的課題として議論し、その方向性を示す必要がある。そのなかで牛乳、そして酪農という産業がどうあるべきか、大いなる議論を期待したい。

第2章

中洞牧場の牛たち

冬の朝、搾乳を終えて放牧地へ向かう牛たち

1　今日も元気な放牧牛

◆放牧地で一日中過ごす牛たち

現在、中洞牧場には二つの牧場がある。

岩手県のほぼ中央を南北に走る北上山地に位置する中洞牧場は、交通事情がよくない。とくに一九八四年に入植した岩泉町有芸《うげい》地区は標高七〇〇mを超える高原で、地元の人もめったに足を運ばない山間僻地《へきち》だ。直線距離では盛岡市の東約四〇kmだが、車で約二時間かかる。ここに広さ五〇haの第一牧場がある。二〇〇五年に宮古市田老《たろう》字樫内《かしない》に新設した第二牧場「ビッグファザー」は、市街地から車で一五分。こちらは標高一五〇mで、広さは一九haだ。

二つの牧場にあわせて四〇頭前後の牛がいる。牧場の広さからすればもっと飼えるが、育成に時間がかかるため、そうは増やせない。雌牛はホルスタインとジャージーのかけあわせ（交雑種）だ。一頭はジャージーの雄牛（種牛）である。中洞牧場の牛たちは、今日も元気に過ごしている。

朝六時の搾乳前、第一牧場の南端にある牛舎（標高七二〇ｍ）で、殺菌のためにミルカー（搾乳機）のポンプが回り出す。その音を合図に、牛舎前に牛たちが集まってくる。搾乳が終わると、放牧地に向かう。急峻な山並みが続く、原野と若木や老木が混在する林の中へ、分け入るのだ。

図３　二つの牧場と牛乳プラントの所在地

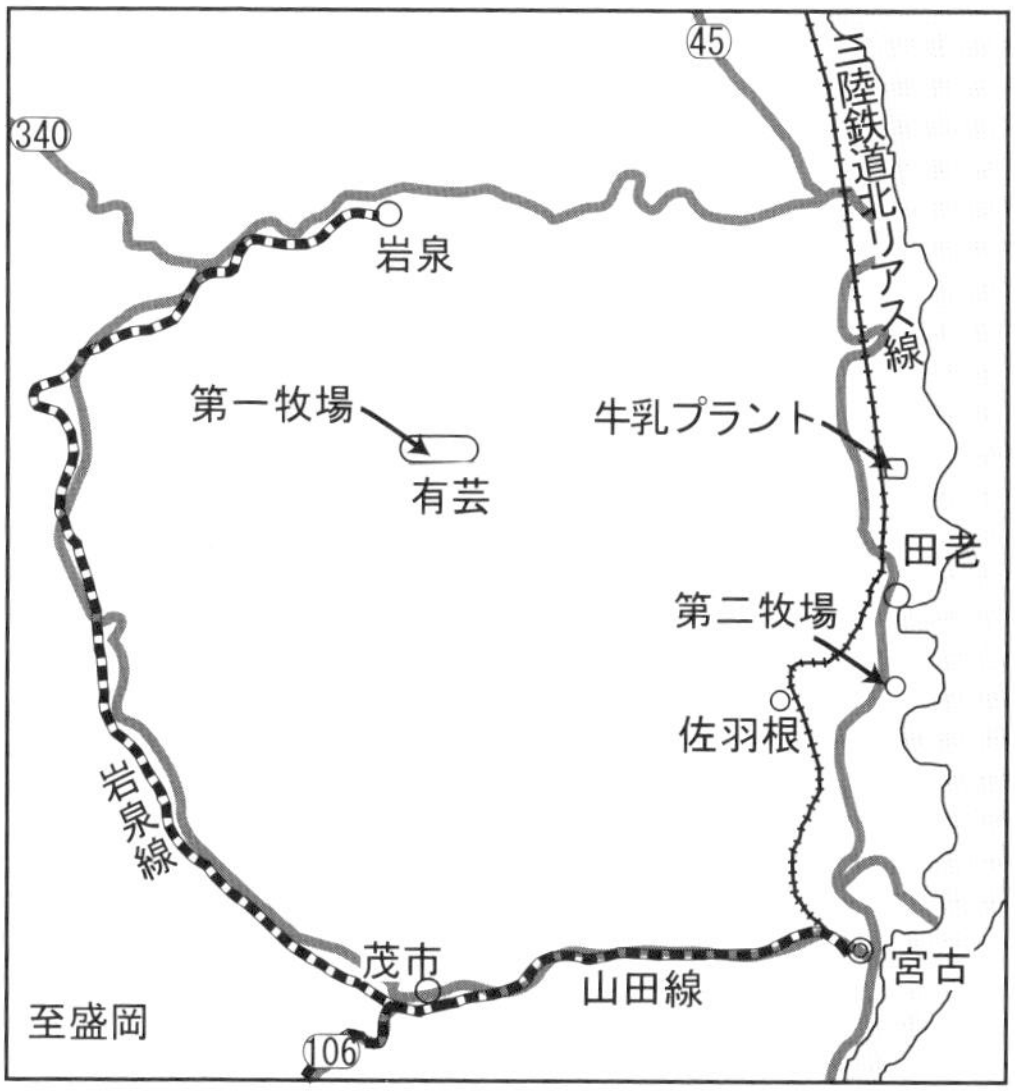

わたしは牧草という定義をもちあわせていない。強いて言うならば、牧場内の草すべてが牧草であると思っている。木の葉や笹を含めて、自然に植生する草のほとんどを牛は食べる。アジサイやタケニグサ（ケシ科）のようなごく一部の毒草や、異臭を発する草以外は餌になり、やがて乳となっていく。

一見、栄養のなさそうな野草を食べながら、牛たちは一日中広大な放牧地を歩く。そして、寝て起きてを繰り返す。夕方六時ごろになると、牛舎の入り口へ三々五々、自然に集まり、搾乳を待つ。搾乳が終われば、ふたたび真っ暗な放牧地へと向かう。夜の活動範囲は、日中ほど広くはない。

ときどき、搾乳終了時間になっても戻ってこない牛がいる。近くで遊んでいるときは迎えに行くが、はるか遠くにいるときは無理に搾乳をしない。搾乳の仕方が悪かったり、搾乳の間隔があいたりすると、不健康な牛には乳房炎が発生しやすい。乳房炎にかかると、乳量や乳質が低下する。しかし、中洞牧場の牛たちは、一回や二回の搾乳を飛ばしたくらいで乳房炎になるほどヤワではない。

牛は分娩するとき、群れから離れる。全頭そろう搾乳時に分娩間近の牛がいなければ、確実に放牧地でお産が始まっている。すべての搾乳を終えて、放牧地に探しに行くと、お産がすみ、母牛が新しい生命を愛おしく育んでいる光景に出会う。その新しい生命に感動を覚えながら、「ゆっくり牛舎へ帰って来いよ」と言って、わたしはそのまま戻る。

正確な距離はわからないが、放牧牛の一日の行動距離は相当なものだ。九八年に東北大学大学院農学研究科の佐藤衆介氏が調査した結果によれば、一日の採食活動時間は約一一時間だった。これは、草の生産量と頭数の関係で変わる。最近は頭数が減り、草の状態も格段によくなっているので、活動時間と行動距離はかなり短くなっているだろう。

強靭な足腰をもち、病気知らず

急峻な放牧地を登っては下り、下っては登る。ときには、急傾斜の下り坂を猛スピードで駆け下りる姿に驚かされる。牛の四本の脚はすこぶる強靭だ。蹄《ひづめ》は、生まれてから死ぬまで一度も削蹄《さくてい》しない。よく運動しているから爪が擦り減り、わざわざ切る必要がないのである。中洞牧場の牛は、肋（胴）の張り、地面にはりつくような幅広い蹄、蹄を支える強靭な足腰が自慢だ。この強靭な足腰が消化器系や呼吸器系の内臓を強くし、健康に育つ。だから、ほとんど病気にかからず、ビタミン剤、ミネラル剤、ホルモン剤などは無用である。

牛を放牧すると、放牧病と呼ばれる病気にかかる場合がある。よく問題になるのは、ダニ熱とワラビ中毒だ。

ダニ熱はダニを媒介して発病し、発熱や貧血をもたらす。一般的には放牧開始前に予防注射を行うが、中洞牧場では一切しない。科学的根拠はないが、子牛のときから放牧しているうちに免疫ができるために、感染しないのだろう。

ワラビなどの毒草（ワラビの毒性はまだ解明されていない）の被害もまったくない。子牛のころから無数にある草を自由に食べて育った牛は、どの草が食べられ、どの草が毒草かを、自ら判断できる。それは草食動物としての本能的な能力である。同じ放牧でも、限られた草種の牧草しか生えていない放牧地に放された牛は、草種を選別する能力が劣る。まして、舎飼いで放牧に不慣れな牛をワラビのあるところに放牧すれば、中毒になることも知らずに死ぬまで食べ続けるだろう。

牛任せの自然放牧

自然放牧は単純明快。自然任せ、牛任せの酪農である。特段の技術もない。もしあるとすれば、牛たちが自らつくりあげたものだ。一般に普及している酪農技術は、自然からかけ離れたことによって生じる弊害を取り繕うための技術ではないだろうか。

人知のはるか及ばないところに存在するのが、きわめて高度な「自然の摂理」という技術である。人知の技術は、これに付随した稚拙なものでしかない。牛舎の中で年間一万kgも乳を搾るという反自然的な行為のために、いまの酪農技術が存在していると思えてならない。

放牧で年間四〇〇〇kg程度を搾るのならば、高度な技術はいらない。そこにあるのは自然の摂理のみだ。朝夕の搾乳以外に、日常的な作業はない。授精は父牛。分娩は母牛と生まれてくる子牛の生命力。哺乳は母牛。餌は天と地の恵みを牛自らが食べる。配合飼料は与えない。そして、牛は放牧地を歩きながら排尿、排便し、それらは自然に肥料となる。糞尿の処理も牛任せで、人間が手をかける必要はない。

これらの基本となるのは、面積と頭数のバランスだけだ。牧場内の草の生産量に見合った頭数だけを飼う。中洞牧場の基準は一haに二頭以内だ。このバランスが崩れると、人間の技術が要求される。それが稚拙であれば、さまざまな障害が生じる。難産、繁殖障害、乳房炎などだ。牛の体重は七〇〇～八〇〇kgにもなる。牛舎の中で数十頭、多ければ一〇〇頭近くを人間の労力で管理するのだから、当然、無理が出てくる。その無理を取り繕うために酪農技術が存在するのだ。これでは、本末転倒ではないだろうか。

八七年から、離乳がすんだ生後四～五カ月以降は、春から秋まで昼夜の放牧にし、牛舎での作業が大きく軽減された。九〇年からは、冬も含めた周年昼夜の完全放牧である。北海道清水町の出田《いでた》牧場が冬も放牧しているという記事を読んだのがきっかけだった。ただし、初産牛を搾乳するときや法定伝染病の予防注射をするときは、牛を捕獲しなければならない。

とくに、初産牛が搾乳に慣れるまでが大変だ。なにしろ、母牛からの離乳時に二～三カ月牛舎にいただけだ。牛舎に入れるのに苦労する。素直に入る牛もいるが、なかなか入ろうとしない牛はカウボーイさながら縄を角にかけて捕獲するのが手っ取り早い。角を捕獲されるのが最大の弱点のようだ。

また、入植したころは数頭除角をしていたが、その後はしていない。たくさんの牛を密

ミルカーで搾乳する筆者

飼いする場合は、角は邪魔になるし、ケガの原因にもなる。しかし、広大な面積で放し飼いする場合は、角はまったく問題ではない。むしろ、角があったほうが集団の秩序が保たれ、牛の序列が明確になる。

搾乳方法と牧場の機械

牛任せといっても、搾乳は人間の手によらなければならない。毎日の搾乳は、朝夕二回。搾乳スペースには、第一牧場が六頭、第二牧場が四頭入る。搾乳はミルカーで行い、生乳はパイプラインを通ってバルククーラーへ運ばれ、冷却保存する。バルククーラーは、生乳の貯蔵タンクと冷却機の役割をもつ。中洞牧場の容量は五〇〇ℓ（一ℓ＝一kg）で、前日の夕方と当日の朝に搾った分を昼に牛乳プラント（工場）へ運び、その翌日に製品として出荷する。

最初のグループが終わると外のパドック（待機所）に出し、次のグループを入れる。これを

パドックで搾乳を待つ牛たち

三～四回繰り返せば全頭の搾乳が終わる。

パドックは、搾乳前の牛と搾乳後の牛を混同しないように仕切っておく。牛が増えても減っても、新たな設備投資は必要ない。

搾る量は合計一日二〇〇kg程度で、冬は少なく、夏は多い。


搾乳時には、北海道産のビートパルプ（サトウ大根から砂糖を抽出した残渣）と岩手県産の雑穀ぬか三～五kgを濃厚飼料として与える。栄養分としての意味も多少はあるが、最大の目的は牛の誘導である。放牧中は自由気ままに行動しているので、何らかのメリットがなければ人間の思ったようには誘導できない。おいしいご馳走があるから、牛たちはパドックのドアが開くのを待ちきれないほどだ。放牧地でたまに牛を誘導すると

ロールベーラで丸めた草をラッピングする

きも、ビートパルプを持っていけば牛が追ってくる。ただし、このとき以外は濃厚飼料は与えない。

　機械は決して多くない。ミルカー、バルククーラー、八四年の入植時から完備していたトラクター一台、デスクモア（草刈機）、レーキ（集草機）、テッダ（刈り取った草の乾燥を早めるために反転する機械）、ロールベーラ（草を丸めて圧縮・梱包する機械）、ラップマシーン（草に保存用のラップを巻く機械）、それに肩掛けの刈り払い機と軽トラックだ。これに対して一般的な牧場では、トラクターは少なくとも二台あり、さらに牛舎で餌を与えるセルフフィーダーや膨大な経費を必要とする糞尿処理機などを備えている。

　また、牛が健康だから獣医を呼ぶことはめったにないし、自然交配だから授精師とはまったく無縁だ。配合飼料、飼料添加剤、各種栄養剤、人工授精、受精卵移植、高度な治療技術、糞尿処理機、ハイテクを装備したトラクター、それに付随するハーベスタ（刈り取った草を切断する機械）やポンプタンカー（尿を液肥として散布する機械）などの作業機。これらをすべて必要としていないのが、完全放牧の中洞牧場である。

中洞牧場の春夏秋冬

自然放牧の春は早い。まだ雪が残る四月下旬、牛たちは林の放牧地に登り、芽吹いた小さな若芽を大きな口で摘むように食べる。まだサイレージを与えているが、七カ月にも及ぶサイレージと干し草に飽き飽きした牛たちは、春の若芽を争って食べる。この若芽には薬効があると、私の恩師・猶原恭爾先生（一九〇八～一九八七、主著に『日本の山地酪農』『日本の草地社会』）から教えられた。

牛が逃げないように、放牧地は牧柵（有刺鉄線）で囲んでいる。積雪で傷んだ牧柵を修理しないうちに牛たちは登るので、あわてて修理するのが春の恒例の作業だ。ときには、修理がすんでから春のドカ雪に見舞われる。

春を迎えるときは、雪解けとともに糞尿が流れ出さないように注意しなければならない。冬季放牧を始めた当初、大きな失敗をした。餌場をつくって餌を与えていたのだが、周辺は糞と雪がミックスして凍り、春にそれが解けて流れ出したのである。同じ場所で餌を与

広い放牧地で悠々と草を食む牛たち

えれば、当然そこに糞尿はたまる。この問題を解決したのが採草地でのバラ撒き給与である。糞が点在していれば、雪が解けても、流れ出さずにそのまま残る。この状態を、「うんこのキノコ」とわたしたちは呼んでいる。

五月もなかばになると、放牧地が一面青くなり、木々が芽吹き出す。まだ草丈は低く、満腹になるほどの草はないけれど、牛はサイレージや干し草には見向きもしない。待ちかねたように放牧地をくまなく歩き、若草を食べる。そして、乳量が一日ごとに増えていく。五月下旬には、牧草地の草だけで満腹になる。サイレージ給与の作業から解放される時期だ。

冬の寒さでも牛の活動は鈍らないが、夏の暑さに閉口するのは牛たちもわたしたちも同じだ。三〇℃を超すことはめったにないが、牛は暑さに弱い。もっとも、沖縄でも台湾でも酪農家はいる。だから、「うちの牛は、特別暑さに弱いのかな」と、自信をなくすこともある。

暑いときの牛は、尾根筋で朝から夕方までずっと立っている。採食活動はまったくしない。涼しくなり出す夕方の四～五時になって食べはじめ、満腹になるまで食べ続ける。それで、搾乳に帰る時間が遅れ、たびたび八時や九時になる。

放牧地での採食は一〇月中旬まで続く。ただし、草は徐々に少なくなる。この時期は、牛の脱柵に注意しなければならない。晩秋でも柵の外は青草がある。その青草を求めて、有刺鉄線が支柱からはずれたり切れたりしたところを牛がくぐり抜けてしまうのだ。良質のサイレージでも青草の魅力にはかなわないから、壊れた牧柵の修理を厳重にしなければならない。

北上山地の冬は、ときには氷点下二〇℃にまで下がる。それでも、昼夜の完全放牧は変わらない。放牧地近くの採草地に放牧する。ここではオーチャードグラスやクローバーなどを育てている。もちろん冬は採食活動はできないから、サイレージや干し草をトラクターで運んで与える。これが一〇月中旬から五月中旬まで続く。サイレージを散らして置くと、弱い牛が強い牛に邪魔されずに食べられ、糞尿も満遍なく落とされる。

積雪が多いときはトラクターの通り道を除雪し、道沿いの雪の上に餌を散らすと、牛が新雪を踏み固めながら食べる。その次は固まった雪の上にトラクターが入り、与えられる場所が徐々に広がっていく。

分娩は冬から早春に多く、年間約二〇頭の子牛が生まれる。自然界の草食動物は一般的に、春に発情して冬に分娩する。そして、草の生長とともに離乳して、栄養豊富な若草を食べて成長する。

お産は自然に任せている。テレビドラマに、牛舎で人間が子牛を引っ張り出すシーンがある。これは、異常出産だから人間の手を借りているのだ。中洞牧場のような自然放牧では、そうしたケースはない。ポロンと生まれてくる。氷点下一〇℃以下が続くときは世話をしないと凍死する場合もあるので、牛舎につなぐ。厳冬期以外はほぼ自然に任せている。

2　酪農人生のスタート

◈「日本のチベット」岩泉の酪農

わたしが酪農を志した動機はすこぶる単純だった。それは、大自然のなかで牛とともに牧歌的な生活をしたいということ。「アルプスの少女ハイジ」の世界である。

日本の酪農に一石を投じなければならないと認識するに至ったのは、大学時代、山地酪農の理論に出会ったからだ。山地酪農とは、未利用のまま放置されている日本の国土の七割を占める山地に植生に合った放牧地をつくり、それを利用する、山地放牧型酪農を指す（九一～九二ページ参照）。「山地酪農こそ、理想の日本酪農だ！」と思った。

わたしは一九五二年、岩手県宮古市の山村（通称、佐羽根《さばね》）に生まれた。物心ついたころ、戦争帰りの人たちが酒宴で、「オレは満州だ」「シベリアだ」「南方帰りだ」と自慢げに話していたことを覚えている。

五二年といえば、日本でテレビ放送が開始された前年である。わたしは四～五歳のころに「箱の中で人が動くラジオが東京にあるらしい」という話を聞いて、とても信じられなかったことをいまでも覚えている。六〇年に、わが家は隣家といっしょに佐羽根で最初にテレビを買った。わたしの世代はテレビとともに育ったとも言える。だが、当時の子ども向け番組は夕方六時から一時間程度しかなかく、野原、山、川で日が暮れるまで遊んだ。

北上山地は、青森県南部から宮城県北部まで太平洋側を縦に貫く広大な山脈だ。その山間を流れる川沿いのわずかな平野に集落が点在する。かつては「日本のチベット」と呼ばれ、近代文明に取り残された地域だった。

ところが、その北上山地でももっとも辺鄙《へんぴ》な岩泉町（宮古市の北）は、実は酪農先進地だったのである。いち早く進取の気風を取り入れ、明治一〇年代にはすでに乳牛が飼育され、牛乳が生産されていた。横浜や東京の先進的牧場とも交流があり、アメリカやオランダなどの酪農技術を積極的に導入したという。横浜の外国人牧場から純粋なホルスタインを導入した先覚者もいたほどだ。その後も乳量が多いホルスタインを次々に導入し、改良を重ねていく。

広大な山地を有し、無尽蔵な草があり、それを活用する畜産を普及させた先人たちの才覚は、僻村で酪農と乳文化が開花する基礎となったのである。そして、草を餌とし、放牧で育てる典型的な日本型酪農は、岩泉からホルスタインとともに全国に広がったと考えられる。ただし、牛乳の生産量に比例して消費量が伸びることはなかった。

昭和初期になると、地域の先達が明治乳業岩泉工場を誘致する。牛乳を煮詰めて濃縮させた「練乳」(コンデンスミルク)の製造工場である。練乳には砂糖を加えたタイプと加えないタイプがあり、地元では工場そのものを「レンニュウ」と呼んだ。当時、明治乳業は台湾で製糖事業を手がけ、砂糖と牛乳は文明の申し子的食品であった。その両者をマッチングさせた練乳の誕生は、時代的背景からみれば必然であっただろう。

練乳を使った「明治のキャラメル」は、昭和初期の大ヒット商品だった。伝統的酪農国では発酵技術によってバターやチーズを製造して生乳の保存性を高めたのに対して、日本は練乳という技術でその保存性を高めたのである。

もっとも、練乳の製造にあたっては試行錯誤の連続だったようだ。舶来品としてアメリカの鷲《わし》印コンデンスミルクという商品が売られていたので、その模倣を繰り返した。湯煎釜を発明し、ようやく良質の練乳ができたという。

そうした酪農と関係が深い岩泉町の岩手県立岩泉高校農業科でわたしは三年間学び、後に牧場を開設したのである。

牛とともに育つ

わが家はわたしで一三代目、三〇〇年の歴史をもち、地域では資産家と言われた旧家だ。といっても、ただ歴史が古いだけで、六五年ごろまではまさに自給自足の生活だった。父は馬喰《ばくろう》(牛や馬を売買する家畜商)で、北海道から関東地方まで回るから、ほとんど家にいない。曾祖父母、祖母、母は、夜明けから真っ暗になるまで畑仕事をしていた。畑は約二ha。アワ、ヒエ、麦、大豆を栽培し、冬には凍み豆腐をつくって売っていた。乳牛は五〜六頭だ。そのほか鶏も豚も飼っていたし、養蚕も行っていた。わたしが生まれる少し前までは馬も飼っていたという。

六〇年ごろまでは、一八軒ある集落のほとんどの農家で二〜三頭の乳牛を飼っていた。

南部曲屋《まがりや》と呼ばれ、人と牛が同じ屋根の下でいっしょに暮らすのだ。

餌はもちろん自家製。大きな釜で干し葉（乾燥した大根の葉）、カブ、クズ大豆などを煮て飼い葉をつくる。また、冬は野草を乾燥させた干し草、夏は生草をそれぞれ細かく切って食べやすくして、与えていた。近くの山に草が育ち出すと、牛を連れて行って放牧する。放牧するところを牧柵で囲むのではなく、牛に入ってもらいたくない田畑を囲むという、牛を中心としたライフスタイルだった。冬の干し草を確保するのはとても重要な作業で、鎌で山の草を刈り、家まで運んだ。人間より牛が大切にされていたと言ってもよい。

現金収入の少ない山村では、毎月入ってくる生乳代は貴重な現金である。毎日二〇～三〇ℓ入りの牛乳缶を母が背負って、山道を数km離れた集乳所へ運んだ。そのような酪農が全国に広がり、牛乳の消費量がうなぎのぼりに増えていった時代である。

わたしは農作業の手伝いはきらいだったが、牛の世話だけは好きで、よく手伝っていた。わたしの人生の原点はここにある。五〇〇kg近くもある牛が小学生のわたしの言うことを聞いたり、生まれたばかりの子牛がじゃれて遊び相手になったりするのが、うれしかったのだ。早くも小学校六年生のときには、「将来は酪農をやる」と公言していた。

当時は、牛も人も自然と一体化して暮らしていた。一頭あたりの年間乳量は現在の半分以下だが、牛は元気で長生き。肉骨粉はもちろん、配合飼料を食べることもなかったのは、言うまでもない。

人間の主食は、雑穀入りのご飯。そして、具だくさんの味噌汁と漬物。たまに魚があれば、ご馳走だった。おそらく、このような食事をわが家では三〇〇年間続けていたのだろう。地域的・経済的に多少の差はあっても、これが日本人の食生活のベースにあったと思われる。

食卓にはいつも牛乳

そこに牛乳が普及してきた。貧しい食生活ではあったが、食卓にはいつも牛乳の入った鍋が置かれていた。食事の後、空になったご飯のお碗に温めた牛乳を各自がおたまですくい、腹いっぱい飲んだ。温かいご飯にもよく牛乳をかけた。いま考えれば、生活に多少の余裕があったのだろう。貴重な現金収入源である牛乳を毎日飲めたのだから。

きわめつけは牛乳豆腐だ。分娩直後の生乳は、タンパク質が熱で変成し、凝固する。これを牛乳豆腐と呼び、年に数回しか食べられない貴重なものだった。牛のお産が始まると、生まれてくる子牛よりも牛乳豆腐が食べられることへの期待に胸を膨らませていた。お産が終わって二〜三日経った牛の生乳が、もっともおいしい。

鍋に入れてゆっくり沸かすと、少しずつ生乳が固まっていく。それをすくってお碗に入れ、箸でつまんで食べる。ほくほくした熱い食感は、食いしん坊のわたしの舌と胃袋を至福の境地に誘った。いまで言えば、温かいカッテージチーズだ。当時の食生活では最高のぜいたくだった。

わたしが通った小・中学校は、家から片道七kmも離れていた。山道を毎日、春から秋は自転車、冬は歩いて通学したおかげで、足が鍛えられたようだ。小さいころは病弱で、母が四km離れた病院までよくおぶって通ってくれた。中学校を卒業してからは、今日に至るまで病気はまったくしていない。風邪すら引かず、ほぼ一日も休まず働き続けられている。これは、あの険しい山道を毎日通学し、野山を駆けめぐって遊んだためであろう。

中学校を卒業するまでほとんど勉強らしい勉強はせず、しなければいけないという切迫感すらなかった。ところが、中学生のときに父の事業が破産してしまう。そのため、六七年の卒業と同時に母と埼玉県へ出稼ぎに行った。深谷市の大規模酪農家で働いたのだ。約一〇〇頭の乳牛(搾乳は約六〇頭)が飼われ、四~五人の牧夫が手搾りで搾っていて、わたしは朝夕一〇頭前後を毎日搾乳した。働いているうちにどうしても高校に行きたくなり、一年遅れて六八年に岩泉高校に入学し、酪農を学んだのである。

◆思い出の音と自転車

経済的に大学進学はできなかったから、高校卒業後は集団就職で上京する。当時の集団就職は中学卒業者を中心に「金の卵」と呼ばれ、団体列車などで故郷を離れた。訛《なま》りのあるわたしにとって、標準語（東京弁）はまったく別物であり、普通の会話が通じなかったのがいまも忘れられない。

就職したのは肉屋のチェーン店だ。社長が岩泉町出身で、岩手県の苦学生の面倒をみてくれた。しかし、高卒のわたしでも非常に孤独だったから、中卒で入った仲間はどれほど孤独だっただろうかと思う。わたしはそこで学費を稼ぎながら獣医学部をめざしたが、壁は厚く、受験に失敗。結局、東京農業大学農業拓殖学科へ七三年に入学する。

東京にもまだのどかな畑が点在しており、わたしが住んだ世田谷区桜丘のアパートの大家のおじいさんは、毎日アパートの前で野良仕事に精を出していた。わたしはその日の食費にも事欠く貧乏学生。アルバイトの現場が遠いときは、早朝の四時や五時にアパートを出ることも多かった。そのとき、とりわけ印象に残る音が二つあった。ひとつはおじいさんが畑を耕す鍬の音、もうひとつはビンとビンがこすれるようなガチャガチャいう音だ。鍬で耕す音は耳慣れていたが、ガチャガチャという音が何かは、見当もつかない。

それからしばらく経って目にした光景は、驚くべきものだった。大型自転車のハンドルの両側にぶら下げた大きな布製の入れ物に、小さなビン詰めの牛乳がかなりの本数入っている。あの音は、牛乳屋さんが自転車でビン牛乳を配達する音だったのだ。

山村の山道を自転車で通学した経験があるから、自転車といえば体の一部のような感覚である。そのわたしが驚いた。大型自転車を見たのもはじめてだったし、大きなハンドルの両側につるした牛乳ビンの多さと、その自転車を操る技に驚いたのだ。時は七〇年代なかば、自転車による宅配が急速に減り出したころである。

最近、東京へ出張したとき西武池袋線沿線で、久しぶりに大型自転車を見た。年季の入った自転車は手入れがよく行き届き、五〇㎝四方もある大きな荷台は頑丈につくられている。タイヤは太く、ハンドルの幅は広い。ハンドルとサドルの間には小さな看板がついており、牛乳店の名前が書いてあった。ハンドルの両側に牛乳をいっぱいぶら下げていたのだ。この自転車はおそらく三〇年近く、毎朝東京の歴史をともに刻み、いまも使われているのではないだろうか。

◈山地酪農研究会との出会い

大学の成績は芳しくなかった。唯一わたしが輝いていたのは農業実習だ。とくに酪農実習はお手の物で、手搾りを同級生の前で披露した。なにしろ毎日一〇頭前後の乳牛を搾っていた経験があるから、朝飯前だ。都会出身者に感心され、得意になったことを思い出す。ほとんどの科目が「可」のなかで、農業実習の「優」は輝いていた。

一年生の夏に経験した、「憧れの大地」北海道中標津《しべつ》町の滝本牧場での一カ月の酪農実習も、いまだによく覚えている。広大な大地で毎日、乾燥した牧草をヘイフォークで集め、高さ二m以上の干し草の山をつくった。長い柄のヘイフォークが格好よく見えたものだ。肉体的にはきついが、爽快感を感じながら働かせてもらった。

入学当初のわたしは、「ブラジルで酪農をやろう」という夢を見ていた。その夢が大きく変わったのは、「山地酪農研究会」というサークルに出会ってからだ。二年生のとき、校内でそのポスターを目にした。大学の科目や研究室が細分化され、トータルに酪農を学ぶ場所がないことに不満を感じていたわたしは、さっそく入会する。

八ミリ映画『山地酪農に挑む』を見たのは、図書館の視聴覚ホールだった。これがわたしの人生を変えたと言っても決して過言ではない。高知県の山地酪農の先駆者・岡崎正英《まさふさ》氏を中心にした映像で、急峻な四国山地を乳牛が走り回っていた（ヘリコプターで撮影したため、牛がこわがって走り回ったことは後から知った）。牛舎につながれている牛を見慣れていたわたしにとっては、あまりにも衝撃的であり、非常に新鮮であった。牧場の景観もすばらしい。それは、わたしの人生観を一瞬にして変えた光景だった。

深谷市で出稼ぎしていたころ、牧場にパイプラインが導入された。手搾りの労働から解放されたとき、わたしは近代酪農のすごさに感動したものである。だが、大自然のなかで生きるたくましい健康な牛と、それを飼う人間のやさしさが描かれた映像には、一層の感銘を受けた。近代酪農は人間をきつい労働から解放した反面、深谷市の牧場には目が見えない牛や満足に歩けない牛もいて、大きな問題点を感じていたからでもあろう。

岡崎氏を大学に招いて行った講演は本当にすばらしく、著書『農のこころ』(家の光協会)にも深い感動をおぼえた。節くれだった百姓のごっつい手をした岡崎氏は、大学教授を彷彿させる論客でもあったのだ。まさに理想とする酪農家の姿を垣間見た気がした。以後、わたしは山地酪農研究会にのめり込んでいく。

◈人生を決定づけた二人の恩師

六〇年代に始まる高度経済成長。酪農も「工業に学べ」「大きいことはいいことだ」「大量生産で安い価格を」という発想が主流になり、酪農家はこぞって規模拡大に走った。当時は大量生産を否定する人はほとんどいない。一頭あたりの一日の乳量は一五kg、二〇kg、三〇kgと増えていった。ミルカー、トラクター、草刈り機、糞尿処理機など近代的な機械も次々と導入されていく。

どうしたら規模拡大できるだろうか。乳量を増やすにはどんな餌をやったらいいだろうか。酪農業界はこぞって研究していた。

そんなとき、「乳量は一日一〇～一五kgで十分。それ以上は邪道だ」「日本の国土の七割を占める山地を活用し、千年続く酪農家を創れ」と述べる異端の学者がいた。それが猶原恭爾先生だ。「草の神様」と呼ばれ、学術的研究と自ら牛を荒川の河川敷で一〇年にわたって飼うなかで打ち立てた山地酪農を普及するため全国を行脚し、酪農家の指導にあたっていた。山地酪農は、猶原先生が生涯を賭けて普及した酪農技術である。

東北大学理学部を卒業した猶原先生の専門は、植物生態学だ。草をいかに国民のために役立てるかを考え、山地の放牧地化をめざした。それは、農薬、化学肥料、外来牧草を使わず、日本古来の野シバ（イネ科の多年草。日当たりのよいところに自生し、ゴルフ場のラフに使われている）を活用した、半永久的草地開発である。理論と技術が両輪のごとく完成された指導者であった。

「高邁《こうまい》な理論普及はピュアでなければならない」という信念から、猶原先生は一切の経済的見返りを求めずに全国を行脚した。北海道から九州までおそらく三〇戸以上の酪農家を現地で直接指導されただろう。

「日本の山の植生は、牛を放牧すれば最終的には野シバになる」

「乳牛は年間四〇〇〇kg以上搾ったらダメ」

「日本の山にある牧草用の草は野シバが主体となるべき」

これらは、わたしが猶原先生から受けた指導である。それは山地酪農研究会の学生たちに大きな影響を与えた。近代酪農へと向かう流れに逆行していたが、これこそ日本酪農のあるべき姿だと、わたしは感動すら覚えた。全国にはおそらく一〇〇名近くに及ぶ猶原門下生の酪農家がいただろう。

また、やはり二年生のころ、大学の生協で『アルペン酪農をめざして』(家の光協会)という本を手にした。日本の酪農はスイスの山岳酪農に学ぶべきであるという内容だ。著者の経歴も変わっている。東京大学法学部を卒業して農林省入省後、課長まで昇進したにもかかわらず、一介の開拓農民として八ヶ岳山麓に入植した異色の酪農家である。

名前は日野水《ひのみず》一郎。スイスのアルプス地方で行われている山岳酪農(アルペン酪農)を視察、調査、体験し、帰国後に実践する。そして、山岳地帯や傾斜地に適したブラウン・スイス種を日本ではじめてスイスから輸入した。乳量はあまり多くないが、肉質がよい、乳肉兼用種である。ブラウン・スイスで日本の山地にアルプスのような放牧地をつくることが、日野水先生の夢であった。

鍬一本、鎌ひとつで未開の荒野に挑んだ開拓者の辛苦が、著書にはリアルに記述されていた。開拓者に憧れていた多感なわたしの血潮を燃えたぎらせる内容である。血と汗の体験談は、当時のわたしには万金にも値した。すぐに電話で連絡を取らせていただき、山梨県大泉村（当時）の日野水牧場で、二年生の八月に二週間の研修をさせていただくことになる。

夏の終わりの雲ひとつない大空。雄大にそびえる八ヶ岳の山々。短期間ではあったが、この研修がサークルで仲間と山地酪農を熱く語っていたわたしの人生を決定づける。

広がらなかった山地酪農

猶原先生がもっとも期待していた岩手県田野畑《たのはた》村の熊谷《くまがい》隆幸《りゅうこう》氏は、その志をご子息にも継承し、いまも立派な山地酪農を営む数少ない実践者だ。わたしは三年生と四年生の夏休みに実習に入り、伐採したばかりの放牧地で野シバの移植と掃除刈（牛が食べ残したひこばえや雑草を刈り払う）の作業をさせていただいた。いまも貴重な経験として思い出される。熊谷家は親子三世代が同居する旧家で、猶原先生の千年家理論（千年続く農家の創設）の原点を彷彿させるものがある。多少のお手伝いをした放牧地は、三〇年経過して全山野シバが覆うすばらしい放牧地となった。

熊谷家で一年間の研修をした吉塚公雄《きみお》氏は、東京農大に山地酪農研究会を創設した先輩のひとりだ。猶原先生の薫陶を受け、山地酪農の夢を語る姿には、常に圧倒されていた。

千葉県出身だが、田野畑村に入植し、ご子息とともに第二牧場を建設するに至っている。

二人の先輩の姿と猶原理論・日野水理論を目の当たりにして感動したわたしは、「自らの生涯を山地酪農に賭けよう」と決意した。それが大きな社会的使命であるとも認識し、日本の山を開拓するという新しい夢が生まれたのである。

しかし、山地酪農もアルペン酪農も日本に広がらず、偉大な二人は異端児のまま生涯を閉じた。当時の門下生たちも、ほとんどが山地酪農を辞めている。猶原門下の酪農家も日野水先生の薫陶を受けた酪農家も、乳脂肪分の高さや乳量の多さのみを追求する体制のもとで無念の涙を流しながら、牛を牛舎につながざるを得なかった。いまも放牧酪農を行っているのは、前述の二人以外は、北海道旭川市の斉藤晶《あきら》氏、高知県南国市の斎藤陽一氏など数えるほどである。

3　理想の酪農と牧場をめざして

俺がやらないで誰がやる

東京農業大学をどうにか四年で卒業した七七年、実家に戻った。もちろん、北上山地で山地酪農をやるためである。母と祖母がかろうじて家を守っていた。苦労して大学を卒業させた息子に、二人は期待をしていただろう。ところが、その息子は日雇いで伐採や下草刈りなどの山仕事をやりながら、「日本の酪農を変える」と夢のような大ボラを吹き続ける。母は多くを語らなかったが、さぞかし複雑な心境であったと思う。

当時の実家は、完全に破産状態。山や畑はほとんど人手に渡り、母の名義だった家と敷地が残っていたにすぎない。母が国鉄（当時）の売店で働く収入とわたしの日雇い賃金のみで、新たに土地を取得して牧場を拓くなど、夢のまた夢だった。

「土地はない。金もない。信用もないから、借金すらできない。しかし、成せば成る。俺がやらないで誰がやる」

この気持ちをずっともち続けていた。あきらめずに、よく耐えたと、われながら思う。「牧場をやる」という夢だけで、数年間を過ごしたのだから。山仕事のかたわら、残ったわずかの畑と近隣からの借地に牧草の種を播き、刈り払い機と軽トラックで草を集め、狭い放牧地で三〜四頭の牛の世話をして、夢を見ていた。

とはいえ、五年も経つと能天気なわたしもさすがに焦りを感じてくる。どこでもよいという気分になり、集落から四㎞ほど山に入った、電気がなく、林道しか通っていない、ジャングル状態の土地約五haを無償で借りた。そして、開墾して放牧地とする。さらに、ごみ捨て場から古トタンや古材を集め、牛小屋と住む小屋をつくり、ランプの灯で数頭の牛を搾乳したのだ。電気がないから、川に牛乳缶ごと浸けた。だが、その程度の冷却では不十分だ。せっかく搾った生乳を出荷できずに捨てたことも、たびたびあった。

そんなとき、降って湧いたかのように、建て売り牧場への入植の話が出てくる。

◈借金七〇〇〇万円で入植

それは、農用地開発公団(現在の緑資源公団)が推進していた北上山系総合開発事業(事業主体は岩手県と各市町村)である。一戸分の面積は五〇haで、採草地一二ha、放牧地一六ha、残りは林地だ。そして、新品の七〇馬力のトラクター、付随する牧草作業機一式、スチールサイロ(気密性を高めた鋼鉄製のサイロ)、バーンクリーナー(糞尿を牛舎から出して堆積する機械)、糞尿の固液分離機など、見たこともない施設や機械を完備していた。一牧場あたりの総事業費は二億円で、個人負担は七〇〇〇万円、残りは補助金だ。

当時、大規模な酪農開拓が全国で進められていたが、岩手県ではこの事業で先行して入植した地区の経営が行き詰まっていた。それで、入植希望者があまりいなかったのだろう。わたしに岩泉町から入植要請があった。

当時のわたしは、二〇haもあれば十分と思っていたし、トラクターなど夢のまた夢だった。そもそも明らかに過剰な施設と機械だし、一〇〇〇万円の借金すらできなかったわたしが、いきなり七〇〇〇万円の借金をしなければならない。それでも五〇haの魅力には勝てず、八四年に有芸地区に入植した。いまの第一牧場である。結局、岩手県では一九戸の酪農家がいくつかの地区に入植した。

技術指導者は、農水省のおかかえ学者、岩手県の農業改良普及員、岩泉町役場と岩泉農協の職員。牛の生理や草の植生を無視した教科書的な近代酪農技術の受け売りで、机上の空論を振りかざす「指導」には、最初からうんざりした。乳量さえ増えればいいと考え、単純に想定乳量×頭数×乳価で収入をはじき出し、そこから借金の返済額を決めるのである。また、この事業には国の補助金が投入されているので会計検査院の調査が入る。その際、各戸の投資額が同じでなければ整合性がとれないという理由で、同時期に有芸地区へ入植した三人に対して、同じ飼養方式を義務づけたのだ。

放牧地の造成で大もめ

放牧地の整備も入植条件だった。「入植者の希望は最大限に反映させる」と言われたが、それは建前にすぎない。

放牧地の造成法には、耕起造成と不耕起造成がある。事業主体の岩手県、岩泉町、そして農用地開発公団とわたしの間で、表土を剥ぐか剥がないかで大いにもめた。

耕起造成はブルドーザーを使って表土を剥ぎ、化学肥料を散布して牧草の種を播く。発芽率は非常によく、すぐに牧草が量産できる。切り株を取り除くので、障害物がなくなり、牧草地内の作業もやりやすい。トラクターなどで刈り取る牧草地では主流の方法だ。しかし、土壌浸食に非常にもろいし、表土を剥いだところに野シバは生えにくい。

一般的な不耕起造成は、木を伐採して人力やブルドーザーで枝などを片付けて整地したうえで、化学肥料や石灰を散布して、牧草の種を播く。最初は雑草と牧草が混生して成長するが、そのときに掃除刈りをすれば、二回目以降は再生力の強い牧草だけが成長して牧草地を形成する。

表土は地球が有史以来営々と蓄積してきた資源である。谷筋にはところによって五〇～六〇㎝にも及ぶ黒々とした表土が蓄積しているが、尾根筋には数㎝しかない。わたしはこの表土が愛おしくてたまらない。行政側は、即効性の化学肥料が表土の養分を十分に補うと考えていたようだ。

わたしは、放牧地は不耕起でなければならないと確信していた。その考え方の根底にあったのは、もちろん山地酪農である。牛を放牧し続ければ野シバが自然に生えてくると確信し、表土を剥ぐ耕起造成では野シバの再生が遅れることを懸念していたのだ。ところが、大量生産を絶対的命題として突き進む行政側との対立は想像以上だった。

「表土を剥ぐのであれば、入植は辞退する」

わたしのこの言葉は、行政側にはとんでもないと受け取られただろう。だが、わたしは一歩たりとも歩み寄るつもりはなかった。最終的には、造成工事開始年度を一年遅らせる。そして、「先に工事した耕起造成方法で土壌浸食を起こしたので、次年度は不耕起で造成した」という言い訳で会計検査院の調査に備え、信念を貫いた。

ただし、放牧地には農用地開発公団によって、オーチャードグラスやクローバーなどの外来牧草が播種され、化学肥料も使われていた。わたしは化学肥料を使わず、放牧した牛の糞尿だけで草を育てていく。

きつい労働、理不尽な指導

ホルスタインの乳牛一一頭で、新しい牧場はスタートした。入植してすぐに結婚。汗まみれ、糞尿まみれの新婚生活だった。翌年に長男が誕生。妻と二人で幼い子どもをかかえながらの作業だ。牛舎の中にスペースを設けて、乳飲み子を入れ、泣き寝入るまで放置して、夫婦で働いた。七年間で四人の子どもをもうけ、牛は六〇頭に増やした。

この間、非常にきつい労働が続く。糞尿出し、子牛の哺乳と、朝の六時から夜の一〇時、

一一時まで、一日の休みもなく働いた。さらに、一〇月中旬から五月中旬にはサイレージ給与が加わる。妻は、身重の体でも、幼児の世話や家事だけでなく、牛舎の作業もこなした。それでも、充実した日々で、幼い子どもの笑顔に支えられていたから、苦しい作業を乗り越えられたのだと思う。

入植して四年が経過した八八年から牛乳の生産調整が始まる。拡大路線の酪農政策に行き詰まりが見えてきた時期である。ところが、行政は借金返済計画のみを優先する考え方で、急激な頭数と乳量の増加を求める。この「指導」が、わたしには何より苦痛だった。

彼らは大量生産技術に偏重した技術屋集団である。酪農哲学を尊重する山地酪農理論とは相容れない。固く信じてきた猶原理論はことごとく否定される。七〇〇〇万円という借金の重圧をかかえるなか、実体験のない机上の空論を振りかざす方針に、人生観まで否定される思いだった。

北上山地の日本短角牛放牧地では、山地酪農で中心となる野シバは非常に親しみがある。日本短角牛は江戸時代から運搬用に飼われていた南部牛に、明治時代にアメリカから導入されたショートホーンをかけあわせて生まれた牛だ。従順で、草だけで育ち、夏山冬里方式で飼育されてきた。放牧地は、牛と自然の力で造成されたものである。

ところが、「短角の放牧地じゃあるまいし」という言葉が、生産性の低い放牧地を揶揄的に表現するときに用いられた。わたしが理想とする山地酪農は短角牛の放牧地をイメージしていたので、この言葉は聞き捨てならなかった。

◈林地に牧柵を回して放牧

幼いころ、春に牛を標高の高い放牧地に上げる「牛の山上げ」について行った経験がある。北上山地は海岸まで急峻な山が続き、「海のアルプス」とも呼ばれている。だが、標高が高くなるにつれてなだらかな山並みになる。そこには野シバの放牧地が一面に広がり、高原の山野草が咲き、巨大な老木が点在する。さながら桃源郷の世界である。霧の中で草を食む牛の姿には、幼いながら感動を覚えたものだ。

限りなく自然な酪農をめざすわたしにとって、放牧はその象徴である。自分の意志をとおして、不耕起で放牧地は造成した。だが、林地が約二〇haもありながら、農用地開発公団が放牧地の周囲に牧柵を設置していたので、牛が林地に入れず、放牧できない。そこで、わたしは林地に牛が入れるように、公団が設置した牧柵を取り払い、林地の外周に新たな牧柵を回したが、その作業は難儀をきわめた。公団が手を加えていない林地には、下草に熊笹が人も入れないほど生い茂っている。それを刈り払い機で刈り、杭を立てて有刺鉄線を張るのだ。それでも、何とか牧柵を完成させ、放牧した。

最初に放牧したのは、牧柵を回す作業がしやすいように刈り払った外周沿いである。ここは牛も歩きやすく、周囲の熊笹、木の葉、野草を食べた。やがて、徐々に藪の中へも入っていき、行動範囲が広がっていく。

◆たくましい牛の生命力

入植当初は自家配合で大豆粕やフスマ(小麦の皮)などの輸入飼料も使っていたが、九二年からは拒否した。ポストハーベスト農薬による汚染を懸念したからである。それ以来、輸入飼料はまったく与えていない。

熊笹は冬も青々としているし、牛の嗜好性も決して悪くはない。そこで、一〇月中旬以降もサイレージは搾乳牛だけに与え、育成牛は根雪になる一二月まで林内放牧地に隔離した。なお、雌牛は一般的に、子牛(生後六カ月まで)、育成牛(六カ月から最初に妊娠するまで)、初妊牛(最初の妊娠から分娩するまで)、成牛(最初の分娩以降)に分類される。

わたしは一日一回フスマだけを与えながら、育成牛の様子を観察した。牧場の標高は平均八〇〇ｍで、一一月や一二月の気候はとても厳しい。にもかかわらず、牛は期待どおりに旺盛に熊笹を食べ、元気に育った。夏のように野草や木の葉はないので大丈夫かと危ぶんだが、不安はみごとに解消された。牛の生命力はたくましい。

育成牛の放牧を三年も続けると、人や牛の侵入を阻むかのように覆っていた熊笹はほとんど食い尽くされる。そして、日が当たるようになった場所には野シバをはじめさまざまな野草が生えてきた。林地内の下草はほとんどなくなり、人為的に手入れをした林の観を呈するようになる。放牧地や牧草に固定概念をもつ人は、「熊笹や木の葉は牛が食べるものではない」と考えているが、決してそうではない。

一方、不耕起造成放牧地では相変わらず、貧弱な植生が続いていたが、牛の腹は大きく膨らみ、常に満腹状態だった。視察者が訪れるたびに、こう質問された。

「牧草がたいして生えていない。いったい何を食べているのか？」

多くの視察者にとって、林地内での牛の採食活動は考えられなかったのだろう。

安定した植生を保つ野シバは最良の草

放牧地の野シバは点から面へと広がっていく。造成当時は一株も見あたらなかったが、一〇年近く放牧を続けているうちに、いまではところによっては分厚い絨毯《じゅうたん》のごとく表土を覆っている。六〇〇～七〇〇kgの牛の体重と硬い爪による蹄害もなく、匍匐《ほふく》茎（地表を横に這う茎。ランナーと呼ぶ）が縦横無尽に幾重にも重なり、表土を保護するかのようだ。

無施肥状態を続けると、肥料がなければ育ちにくい牧草は牛に食べ尽くされる。そして、

一面に広がる野シバ。向こうに見えるのは太平洋

再生力が強く、無施肥で育つ野シバが優先していく。野シバ草地が形成されると、他の草は混生しにくくなる。全面野シバと思われるような、すばらしい放牧地になっている。

数百年にわたって自然放牧地を形成してきた野シバは、近代農法による放牧地造成では忌み嫌われてきた。収量至上主義的発想では、効率が悪いからである。牧草の収量増大は、化学肥料の大量投入を前提にしている。だが、農地に残留した硝酸態窒素の河川への流出が問題になっているいま、化学肥料なしで育たない草を傾斜地に植えるのは誤りだ。傾斜地に適しているのは化学肥料なしで繁殖する草であり、野シバこそが最適である。

牛の健康だけを考えれば、牧草より野草のほうがよいことは間違いない。栄養分が少なく、たくさんの乳量は望めないけれど、繊維分が多く、反芻動物である牛の消化や生理に適しているからだ。

牧草のほとんどはイネ科の外来種である。その最大の特徴は、肥料の吸収力と栄養価が高く、収量が多いことだ。反面、肥料がなければ成長できず、安定的な植生の維持が非常にむずかしい。とりわけ、急傾斜の放牧地では機械による施肥が困難で人力に頼らざるを得ないから、施肥に多大な労力を要する。また、イネ科の牧草は播種した直後に小さな株が草地全面を覆い、年数を経るにつれてその株が大きくなっていく。結果、草が生えない裸地が多くなり、土壌浸食が発生しやすい。

一方、野シバは吸肥性が低く、肥料をたくさん与えてもある程度しか成長しない。だが、無肥料でも安定して育つ。また、匍匐茎が地表を覆うから土壌浸食を防ぐ。そのうえ、地表に出た葉を牛が食べれば食べるほど匍匐茎がはびこり、土壌の安定に大きな役割を果たす。野シバが安定して育ち、草地面積と牛の頭数のバランスを保てれば、半永久的に安定した植生が維持できる。過度の乳量さえ求めなければ、野シバは最良の牧草である。生産性至上主義の日本酪農界でそれが認知されていないのは、残念でならない。

なお、採草地には鶏糞や生ごみなどを混ぜてつくった有機肥料を施し、できるだけ放牧兼用地としていった。ただし、第3章で述べる牛乳プラントをつくってからは刈り取りを

放牧地から見た牛舎。手前のサイロは使っていない

ほとんどしていない。刈り取りは天気を判断して早急に行わねばならず、手が回らないのだ。現在は、岩手県雫石《しずくいし》町の小岩井牧場から、畑を指定した無化学肥料栽培の牧草を購入している。

◆牛の能力をフルに活用

第一牧場には、四千数百万円かけた鉄骨の牛舎がある。対頭式（牛を二列に頭を突き合わせる形で並べてつなぎ、その間に通路を設ける方式）で、四二頭が収容できる。牛乳処理室、産房、バーンクリーナー、堆肥舎も備えた近代的な牛舎だ。付随して、高さ一四mのスチールサイロもある。だが、いま使っているのは、搾乳スペースとして利用するストール（牛が入る場所）、牛乳処理室（バルククーラーを設置）、離乳時に子牛を隔離するための産房だけだ。牛舎と堆肥舎は干し草やビートパルプなどを置いていて、本来の目的としては活用されていない。大型酪農家のシンボル的装備とされるバーンクリーナーも、完全放牧に移行してからは使わない。さびついたので取りはずした。おかげで、いまの牛舎はすっきりしている。

入植当初は、夜と一一月上旬～五月上旬は舎飼いをしていたから、最大三五頭までつないだ経験がある。当然、餌の給与や糞尿の処理など日常的に牛舎内で作業していたので、それなりに便利ではあった。しかし、周年昼夜放牧が定着すると、まったく意味のない設備になってしまった。

牛舎による飼育が一般化した近代酪農では、日常的に行われる牛舎作業に大きな疑問をもつ機会はない。「牛舎作業なくして酪農なし」と言っても言いすぎではない。ところが、周年昼夜放牧にすれば、牛舎作業のほとんどを牛が代行してくれる。わたしは、牛の最大の能力はここにあると確信している。乳量だけで牛の能力を判断するのは、あまりにも安直すぎる。牛はもっと別のところに優れた能力を発揮できる動物であり、それをフルに活用するのが経営者の力量である。

たとえば餌は、草さえあれば牛自らが刈り取り、運び、消化して、乳に変える。牛舎で人間が与えるのは、搾乳時の少量のビートパルプと雑穀ぬかだけ。当然、餌の調合や給餌という作業がなくなる。また、糞尿の処理は酪農家にとって重要かつ過重な作業だ。いまでは機械化されたとはいえ、やはり大きな負担である。だが、自然に放牧された牛たちは糞尿を大地に肥料として散布してくれる。そこでは、マニュアスプレッダー（堆肥散布機）やポンプタンカーなどの重装備はいらない。

〇五年に第二牧場ビッグファザーをつくったときは、第一牧場の経験を活かして牛舎は手づくり。ミルカーとパイプラインは二〇年前の中古だ。新しく買った機械は、除雪土木工事用の重機一台、軽トラック、刈り払い機のみである。トラクターやデスクモアもない。

なお、ビッグファザーの建設にあたっては、所在地・田老に縁のある東京在住の皆野川博昭氏が土地を購入し、貸してくださった。わたしの理念に共感した若者たちが夢をもって酪農に携わるとともに、田老の活性化の一翼を担ってほしいという思いからである。近隣の地権者や行政との交渉をはじめ、現在三五歳の佐藤力《ちから》君が中心となって運営している。

◈自然交配で生まれる元気な牛

中洞牧場にはいま雄牛（種牛）が一頭（そのほか予備牛が一頭）いる。すべての授精はこの一頭で行う。お相手の雌牛は、第一牧場に約三〇頭、第二牧場に約一〇頭。〇六年の三〜五月は五頭の子牛が生まれた。

入植当初は、人工授精を行っていた。比較的受胎率はよかったが、周年昼夜放牧に移行すると、雌牛一頭だけを牛舎につないで授精師が来るまで待っていなければならない。それが苦痛に思えるようになり、人工授精を九一年にやめた。

　山地酪農の先輩のほとんどは自然交配していたから、とまどいはなかった。ただし、ホルスタインの雄牛は体重が一〇〇〇kgを超え、強暴になる。ちょうど体型の小さいホルスタインとジャージーの交雑種が生まれたので、それをまず育てた。生後一年半も経つと、交配は可能となる。ただ、体高一mくらいでホルスタインの雌牛に挑むわけである。愛し合うという表現を使いたいところだが、雌牛の背中に乗って振り落とされる姿を見ると、「跳ぶ」「ジャンプ一発」という表現が適切だ。このジャンプ一発の効果が現れてくれば、授精のために牛を牛舎につなぐ必要も、授精師を待つ必要もない。

　自然交配でやっかいなのは、分娩予定の見当がつかないことだ。授精日がわからないのだから、当然といえば当然である。おなかや乳房の状態、尻尾のつけ根を見て、分娩予定日を判定する。分娩が近くなると、尻尾のつけ根が窪んでくるのだ。ただし、この判定には苦労している。

　周年昼夜放牧ではなかったころは、何回となく難産に悩まされた。逆子だったり、前脚や頭がそろわないまま産気づくこともあり、そのつど母牛の体内に手を入れ、子牛の体勢を整えて引き出していた。手に負えないときは、獣医のお世話にならなければならない。獣医の手にも負えず、胎児の肩や腰を切断して引き出し、母牛は起立不能となって廃用牛にしたこともある（こうした場合は食用にならないという）。分娩予定日が近づくと、寝ずの見張りをしなければならなかった。

完全放牧にすると、気づかないうちに放牧地で産んでいる。はじめは、「難産になっていないか」と心配して、山中を歩いて探し回ったが、完璧なまでに新しい生命が誕生しているのだ。しかも、母子ともに何事もなかったように平然としている。

また、当初は生まれたばかりの子牛がキツネやカラスに襲われたり、雨に打たれて風邪を引いたりしないかと心配し、生まれたばかりの子牛を山から背負って牛舎まで運んでいた。だが、不思議なことに、山で自然に生まれた子牛はとても丈夫だ。母牛の乳房にしゃぶりついている。そして、二日もすれば、母牛とともに牛舎に帰って来る。

人間は子牛の母親ではない。子どもを育てるのに母親の本能的能力に勝るものは存在しない。そう気づいたとき、まさに目からウロコが落ちる思いだった。そして、天地が創造した自然の摂理の偉大さにあらためて感服した。

◈自然界では助産は不要

授精や分娩は、酪農経営を大きく左右する重要な技術とされている。発情期を的確に判断して、乳量、乳質、体型から見た能力の高い種雄牛を選抜し、人工授精する。また、さまざまな助産器具が開発され、母親から子牛を「引き出す」技術が重視されている。しかし、自然界で助産を必要とするのは、反自然的な生き方をしている動物に限られる。自然のままに生きている動物には、助産という行為は必要ない。

わたしの妻は一年おきに四人の子どもを産んだ。忙しい酪農家の妻は、お産当日まで働き続けなければならない。しかも、二回目以降は乳飲み子をかかえていた。ところが、大きなおなかをして働き続けた妻のお産はいずれも軽く、安産だった。十分に運動して自然交配、自然分娩させている中洞牧場の牛も、お産は軽く、高度な助産技術はまったくいらない。

いまやクローン牛の時代に突入しているが、子どもをつくるという行為は人知を超越した尊厳あるものだ。そのもとに新しい生命が誕生し、次世代を担う。そこに人知を介入させ、生命誕生の尊厳を冒涜してまで、なぜ高乳量、高乳質を追求しなければならないのだろうか。

人間による授精も助産も、大量生産という価値観にもとづいたいびつな行為でしかない。

母親の乳をねだる子牛（生後２週間ぐらい）

そのいびつな行為を、高度な酪農技術と錯覚している。人知の高度な技術が酪農を反自然的産業にしてしまった。そこには、感動を生む姿はない。

◈子牛の飲み残しを分けていただく

広大な牧草地で母親とともに生活する子牛は幸せだ。生後二週間は母親のそばから離れず、寄り添っている。母親も常に子牛を観察し、気づかう。母親が草を食べるときも、子牛は母親の後ろについている。おなかがすけば、おっぱいをねだる。子牛が少しでも離れれば、母親は独特の声で子牛を呼ぶ。

しかし、生後二週間を過ぎると、子牛は独自の行動を取りはじめる。同じ年ごろの仲間がいれば、ほとんどの時間をともに放牧地を走り回って遊ぶ。人間の子どもとまったく同じだ。友だちと遊ぶのが楽しくて楽しくて仕方ない時期である。母親も、子牛の監視に無頓着になっていく。子牛は、おなかがすいたときだけ母親のところへ来る。

中洞牧場の牛は年間乳量四〇〇〇kg程度だから、分娩直後の乳量が多いときでも一日二〇kgぐらいしかない。生後間もない子牛への哺乳は約一〇kg。その飲み残しを搾乳する。生乳は牛の母乳である。人間は子牛の飲みものを分けていただく。それが自然の姿だ。生後一～二カ月の間は、人間の分け前がなくなる。二〇kgをすべて子牛が飲んでしまうからだ。これは不経済きわまりないと考えるのが一般的だろう。でも、わたしの考えは違う。むしろ経済的だと考えている。

第一に、母乳をふんだんに飲み、母親の愛情を一身に受け、野山を走り回った子牛は丈夫に育ち、十数年も生乳を出し続ける。そのための源と考えれば、一～二カ月間は子牛にすべてやっても決して惜しくはない。

第二に、そうした姿勢を消費者が高く評価してくださる。「牛の血の化身である子牛たちの大切な母乳が、コカ・コーラのような工業的飲料より高いのは当たり前だ」と認めてくださるのだ。

自然哺乳は一カ月半～二カ月で終わり、離乳させる。このときが大変だ。親子を強制的に離し、子牛を牛舎に隔離するからだ。三日〜一週間は、親子が鳴き叫ぶ。飲まず食わずで、昼も夜も叫び続ける。かわいそうだけれど、これは経済動物の宿命だと割り切らざるを得ない。

一週間もすれば、親子ともあきらめ、子牛は牛舎の中で干し草を食べはじめる。哺乳中も牧草地で青草を食べているから、離乳してすぐに干し草のみの給与でも、さほど困らない。

牛舎で三カ月も暮らすと、すっかり母親を忘れ、哺乳を求めることもなくなる。その時期を見計らって、ふたたび放牧する。なかには、哺乳を思い出して、乳房にしゃぶりつく子牛もいる。こうなると、完全に離乳するまでに相当な時間がかかる。これまで、ついに離乳させられずに処分してしまった牛が一頭だけいたが、それはあくまで例外である。

◈酪農家冥利

人間にはいま、生活習慣病が蔓延している。原因は飽食と運動不足だ。一般の乳牛の場合、飽食と運動不足が人間以上に深刻である。むしろ、乳量を増やし、管理しやすくするために、あえてそうさせていると言ったほうが正しいのかもしれない。一方、乳量を求めず、大自然のなかを歩き回る中洞牧場の牛は、獣医知らずだ。お世話になるのは年に一回あるかないか。

牛舎で牛をつなぐという行為に対して、酪農家はあまりに無神経ではないだろうか。つなぐという行為は、自由の束縛以外の何物でもない。そのストレスを、わが身に置き換えて考えてほしい。ストレスから愛する牛たちを解放してあげたいと思うのが、酪農家としての当たり前の心ではないだろうか。

高乳量、高乳質という末梢的部分に翻弄され、愛する牛たちに無理をさせないという酪農家としての当たり前の心を失ってしまったことが、最大の問題なのだ。当たり前の心は、牛を愛し、牛と共存するという、ごく自然な姿勢から生まれる。

大自然のなかで悠々と草を食む牛の姿に感動を覚えない酪農家は、いないはずだ。その姿を見るのが酪農家冥利でもある。これを裏切ってはならない。そして、大自然のなかで戯れる姿に、消費者も感動を覚えるのだ。その姿が、牛にとっても、ごく自然で当たり前なのではないだろうか。

第3章

酪農家がつくった小さな牛乳プラント

牛乳プラントの内部。左の架台の上にあるのがサージタンクで、パイプラインを通って牛乳が流れていく

1　直売に踏み切る

◆乳脂肪分偏重の乳価に苦しむ

行政指導との軋轢に苦しみながらも一九八四年から七年間は、一般の酪農家と同様に生乳を農協へ出荷していた。しかし、乳脂肪分偏重の取引が強化された八七年からは、青草の給与や放牧まで否定される。そして、乳脂肪分が低い夏には買い取り価格が一般乳価である一kg八〇～九〇円の半値になるというダメージを受けた（一三二ページ参照）。

放牧し、青草を食べさせていれば、乳脂肪分の低下は避けられない。以前の買い取り価格は一kg九〇～一〇〇円で、一般乳価との差額は五～七円程度だったので、放牧による作業の軽減とコスト削減でカバーできたが、新しく設定された乳価はとても厳しく、経営の存続にかかわった。農協と乳業メーカーは、乳脂肪分が高ければおいしい牛乳であると考えている。しかし、そうした牛乳を生産するためには放牧を否定しなければならない。それでは本末転倒である。

乳脂肪分が多少低くても、自然な環境で飼われ、自然な餌を食べた牛から搾った牛乳を支持する消費者は、間違いなくいる。まして、配合飼料の輸入穀物に使われているポストハーベスト農薬や添加剤の化学物質に不信感をもつ消費者は多い。密飼い牛舎で糞尿とともに生活している牛の姿は、消費者に異常な光景として映るだろう。

こうした要素を考えれば、牛乳の直売の可能性はあると思ったが、それを行動に移すにはかなりの勇気が必要である。とはいえ、とりわけ夏場の乳脂肪分低下による乳価の下落は経営を直撃しており、一刻の猶予も許されない。一般の酪農家のように舎飼いに方向転換することは、人生観そのものにかかわる。相当に悩み、苦しんだ。

ただし、酪農業界では異端児であっても、直売を始めれば消費者にはきっと理解してもらえるという確信めいたものは当時からあった。野菜も米も、有機栽培や無農薬栽培が広がっている。流通が一元化されている牛乳のみ、安全性に対する取り組みが立ち遅れていてはいけないと考えていた。

◈闘う猛牛へ

あるとき、牛乳に食紅を入れられた。生産調整という名目で、一定の量しか出荷させないための措置だ。わたしの妻は涙を流しながら、農協の職員に食ってかかった。非農家の出身で、牛にさわることもできない状態から、努力をして搾乳もできるようになり、酪農

家の妻としておもしろさと牛乳の価値を認識できるようになった矢先のできごとである。
乱売や生産調整など牛乳を不当に低く見下す社会に、自分も含めた酪農家が慣れっこになっていることを妻の涙で気づいた。わたしはそのときを境に、ほとんどの酪農家のような従順で飼い慣らされた牛から、闘う猛牛に変わっていく。

愛する牛たちのことをもっとも理解している酪農家が牛乳を誰よりも評価しなければ、牛たちに申し訳がない。同時に、牛乳の価値に見合う乳価の設定なくして、酪農家が自らの職業にプライドをもつことは不可能だ。ところが、出荷した牛乳は他の酪農家の牛乳と混ぜて販売されるから、わたしの牛乳に対する消費者の反応はわからない。悔しい日々が続いた。

九一年九月一日、新聞で有機農産物を中心とする宅配組織「らでぃっしゅぼーや」の記事を読んだ。その内容に感銘を受けたわたしは記載されていた電話番号に電話し、自然放牧について一気に話した。それがきっかけとなって、らでぃっしゅぼーやのスタッフが何人も中洞牧場を訪問し、わたしは有機農業に対する消費者の意識を学ばせていただく。そして、自然放牧が広がるかどうかは日本の酪農の存亡にかかわる大きな問題であるという認識を新たにする。

それまでのわたしは、何とかしたいという気持ちはあっても、実際になす術がなかった。

だが、らでぃっしゅぼーやのスタッフと語り合うなかで、直売の重要性を確認する。とはいえ、保健所の許可を受けたプラント（牛乳工場）で処理しなければ販売はできないと乳等省令に定められている。

山間部に住む一介の酪農家にプラントをつくる力はない。牛乳に対する商品知識をもたない大手スーパーに売り込む方法もわからない。自分の力で一軒一軒宅配するしか方法はないと考えた。もちろん保健所の許可はないから、堂々とは販売できない。悩んだ末、ないしょで宅配することに踏み切った。

◈ないしょの牛乳からエコロジー牛乳へ

最初に宅配したのは九二年一月末、宮古市の数戸である。週一回、搾った生乳をバルククーラーから一・五ℓ入りのペットボトルに移して、無殺菌のまま届けた。当然、保健所に知られればすぐに中止させられるが、販売手段もノウハウもない酪農家が牛乳を販売するには、こうした方法しかない。

牛乳といっしょに手書きの『牧場新聞』で牧場や牛の様子を消費者に伝え、理解していただくように努めた。ないしょの牛乳だから、大々的な宣伝をするわけにはいかない。口コミしか販路拡大の方法はなかったにもかかわらず、六カ月後には約一二〇本に増えた。

幸い保健所には知られなかったが、いつまでもないしょにはしていられない。そこで、地元乳業メーカーのミニプラントに六五℃三〇分の低温殺菌とビン詰め（一本七二〇㎖）の委託を交渉。比較的すんなり受け入れられて、正式な販売を六月に始めた。保健所が許可した施設での殺菌加工だから、今度は堂々の中洞牧場牛乳のデビューである。名称はエコロジー牛乳とした。

いまやエコロジーといえば、知らない人はいないほど市民権を得ている。当時は一般的な言葉ではなかったが、「自然のままに」というイメージを表現したくて、こう名づけた。環境問題がこれほど大きなテーマになると予想していたわけではないが、時代にマッチしたネーミングだったといまでは思っている。

牛乳ビンに貼られたシンボルマーク

エコロジー牛乳のシンボルマークは、地元乳業メーカーへの紹介など誕生に深くかかわった岩泉町の佐々木信子さんから地元の森林組合に勤務する杉山知《さとる》さんに依頼していただき、描いていただいた。

デザインのモデルは中洞ファミリーである。当時は、牧場経営も牛乳販売もすべて家族だけで力をあわせてやり、小さな子どもたちも牛舎の掃除などを手伝っていた。苦しくはあったけれど、楽しい時代である。

販売直後から、NHKやTBS系列の地元テレビ局などの取材を受けた。自然放牧の様子、とくに冬の放牧や自然分娩の劇的な映像とともに、「閉鎖的な流通体制に挑む酪農家」と紹介された。こうして、中洞牧場の牛乳は一躍全国的な脚光を浴びるようになる。わたしはマスコミの威力に驚かされた。

ないしょの牛乳の直売がなければ、誰にも相手にされない酪農家で終わっていただろう。あるいは、放牧への信念を捨てて、舎飼いの一般的酪農家になっていたかもしれない。そういう意味からも、直売のきっかけとなったらでぃっしゅぼーやは、わたしにとって日本酪農にもの申すよきパートナーである。それから六年後の九八年に、らでぃっしゅぼーやとの取引が始まる。

九二年夏には、農薬を一切使わないりんご栽培に成功した(当時は「成功しつつある」という表現が正しかったかもしれない)、日本できわめて少ない農家である青森県岩木町(現・弘前市)の木村秋則さんが、牧場を訪問してくれた。果敢に無農薬栽培に挑戦した彼は、周囲の冷たい目にさらされたという。「回覧版も回ってこなくなった」と笑いながら言う彼の言葉を聞き、「俺はまだいい。回覧版来るもんな」と思った。

その木村さんが、自分のお客さんを紹介してくれたのである。その方々は一五年が経った今日でも、牛乳を飲んでくださっている。木村さんからは、お客様への情報の発信や宅配の方法を指導していただいた。深く感謝している。

アウトサイダーとして生きる

こうして新たな一歩を踏み出しはしたが、借金はなかなか減らない。当時も約六〇〇〇万円をかかえていた。そもそも、岩手県は入植者が望んだわけでもない補助金をとってきて、わたしたちの意見も聞かずに施設や機械を整備し、入植農家に一億円近い借金をさせたのだ。そして、数年が経つと、行政や農協は「返済できない農家が悪い」「経営がうまくいかない責任は農家にある」「自助努力が足りない」と言った。

こうした状態にいても立ってもいられず、北上山系総合開発事業で同時期に入植し、深刻な負債をかかえていた一九戸の酪農家に声をかけ、九三年に岩手県庁へ交渉に出かけた。ＮＨＫの『おはよう日本』が大々的に取り上げたのをはじめ、多くのマスコミが支援してくれた。しかし、交渉方法が過激だったのだろう。「中洞には近づくな」と役人が言ったらしい。多くの酪農家がわたしから離れていく。結局、酪農家の借金利子分を岩手県が肩代わりするということで決着。わたしはそれを拒み、孤立する。

わたしは、利子の肩代わりは本質的な解決ではないと考えている。それは、一方で畜産振興を唱えながら牛肉の輸入自由化を受け入れるなど国の失政を隠蔽することにほかならないからである。ただし、利子の肩代わりを拒否したこともあって、借金の返済が終わるのは二〇一二年ごろの見通しだ。

自然放牧は、わたしにとって酪農の一手法にとどまらない。人生観そのものである。人間の命の糧となる食べものを生産する農業は、国民生活の基礎だ。人間、牛、土が一体となって自然とともにおりなす産業として酪農があり、牛乳が生産される。安全性を最優先し、人間にも牛にも自然にも負荷をかけてはならない。そう考えれば、おのずと自然放牧に行き着く。

急峻な山にみごとな自然放牧地をつくりあげた、猶原先生や日野水先生のような偉大な酪農家を評価しない酪農業界と牛乳業界に、わたしは強い怒りを感じてきた。閉鎖的な農村地帯で、地方行政や農協に反発することは大きなエネルギーを要する。だが、生乳の買い取りを農協が独占する弊害を打破し、日本に放牧酪農を普及するのが使命であると考えたわたしは、アウトサイダーとしての道を歩んでいこうと決心した。

ペーパーマージンと委託加工費

牛乳の宅配を始めて以来、販売本数は三年間増加し続け、その後は一日三〇〇〜四〇〇本に落ち着く。あくまで、消費者への戸別宅配が中心である。九六年には、宮古市で三〇〇軒、盛岡市で二〇〇軒の家庭へ週に一〜二回届けるようになった。このほか、地方発送(北海道から九州まで)約一〇〇軒に加えてスーパーやデパートでの販売もあり、搾った生乳の全量販売(日産約三〇〇kg)が可能となる。

しかし、この牛乳は農協による一元集荷という閉鎖的な流通の間隙を縫う形での事業である。書類上は農協出荷の形をとらなければならない。中洞牧場が農協に出荷した牛乳を地元乳業メーカーが買い取り、製造・販売するという形をとるのだ。そこには当然、農協のマージンが発生する。生産者乳価は一kg八〇〜八五円だったが、メーカー買い取り価格は一一五円だ。三〇〜三五円ものマージンを取られる。集乳も販売もすべて自分でやるのだから、これは純粋なペーパーマージンである。年間では約三〇〇万円にものぼる。

こうした形式的インサイダー(書類上の農協出荷)による販売を九七年まで五年間続けたから、トータルで約一五〇〇万円のペーパーマージンを支払ったことになる。わたしがいくらその矛盾を伝えても、農協は「伝票は農協を通すことになっています」の一点張りだ。

また、乳業メーカーへの委託加工費は一本あたり当初一五〇円、本数が増えてからは一〇

○円だったから、年間では一五〇〇万～二〇〇〇万円になる。値下げ交渉はままならず、高額を払い続けた。

自分が生産した牛乳を全量直売しているにもかかわらず、不本意なルールに従わなければならない。中間搾取されているだけだと思っていたが、自力でプラントをつくる資金はないから、どうにもならなかった。

2　自前の牛乳プラントをつくる

融資を受けてプラントを建設

やがて、毎月末に委託加工費を振り込みに行く地元資本の銀行の若い支店長と親しくなる。応接室でたびたびお茶をごちそうになり、わたしの仕事内容を何度となく話していた。九六年春、その支店長が突然言った。

「中洞さん、ご協力させてください。融資しますから、ご自分で牛乳プラントをつくりませんか?」

その言葉を聞いたときは、本当にびっくりしたが、とてもうれしかった。彼はわたしの事業の将来性を高く評価してくれたのである。早速プラントの青写真づくりに取りかかった。

計画段階で問題になったのは、農水省が九六年に打ち出した乳業再編方針との整合性である。牛乳の販売価格の引き下げを狙う政府は、乳業再編の名のもとに中小プラントの閉鎖を推し進め、新規プラントの建設を認めない方針。そのため、厚生省(当時)管轄の保健所の認可のほか、岩手県農政部の許可も求められた。農政部は、①中山間地域(平野の周辺部から山地に至る、平坦な耕地の少ない地域)に指定された市町村に建設し、牛乳処理量は日量三六〇kg以下とする、②農水省関係の補助金と融資を使用しない、という条件を出してくる。その結果、建設地の変更を余儀なくされた。

融資は総額六五〇〇万円を受けられた。貸付を受けた資金は岩手県の商工一般資金や環境資金などで、償還期間は七～一五年。据置期間が六カ月、利率は二・七％。据置期間の短さには不安を感じたが、委託加工費の支払いがなくなるのだから十分にまかなえると確信した。支店長から「人物に投資したんです」と言われたときは、まさに身の引き締まる思いがしたものだ。

その間、農協から呼び出され、「牛乳を農協に出さない人は、農協との取引はなくなりますよ」と言われた。食管法が廃止されて、農家が米を売れるようになり、農協の最後の砦は牛乳である。彼らは例外をつくりたくないのだ。農協は金融機関でもあり、農水省はじめ行政の補助金や融資の窓口である。農協に出荷しない酪農家は、そうした恩恵を受けられないなどさまざまな圧力をかけられる。しかし、農協が窓口となる補助金がもらえなくなったとしても、わたしの決意は固かった。

岩手県農政部や保健所への申請など煩雑な手続きがあり、不慣れな書類作成にも苦労したが、一年間を費やして九七年三月に着工にまでこぎつけた。配送の便を考えて、建設地は国道が通る田老《たろう》町（現在は宮古市）小堀内《こぼりない》に決めた。田老町は漁業が基幹産業であり、酪農家は一軒で、牛乳プラントはない。陸中海岸国立公園に指定された風光明媚な観光地でもあり、河川を汚濁しないように、排水浄化には相当な設備投資を行った。完成したのは九七年六月である。

◈低温殺菌牛乳を実現

自然放牧で飼育した牛から生産した生乳を自然な低温殺菌加工で牛乳にしたい。牛乳製造のコンセプトは、この一点だ。

指導を受けたコンサルタントからは、「殺菌温度が高いほうが安全だ」とアドバイスされたが、乳等省令で許可されていた最低温度の六二℃（現在は六三℃）三〇分に決めた。搾りたての風味を最大限に活かした、自然に近い状態で出荷したかったからである。一℃でも下回れば法律違反となるので、細心の注意を払っている。

低温殺菌牛乳は雑菌の繁殖が最大の問題だ。高温殺菌牛乳が市場の圧倒的部分(九三%)を占めるなかで、衛生面でのリスクを背負う。生乳段階から徹底した衛生管理をして、新鮮な生乳を使用しなければならない。幸い、昼夜放牧で牛の体が糞尿で汚れることが少ないため、比較的容易に細菌数を減らせた。乳等省令で定められた生乳の一般細菌数は一mℓあたり四〇〇万個以下だが、独自に一万個以下という基準を設けた。実際には、常時七〇〇〇個以下だ。

すでに書いたように、配合飼料は一切やらず、濃厚飼料もわずかで放牧飼育するから、夏の暑さで乳脂肪分と無脂乳固形分は下がる。この季節変動を消費者に理解してもらわなければならない。自然な育て方と草の飼料だからこそ、年間通した均一な成分にはならないのである。そこで、自然放牧と配合飼料は一切使っていないことをビンの表示で強調した。成分表示は、乳等省令で定められた下限の三・〇%(乳脂肪分)と八・〇%(無脂乳固形分)である。

ナチュラルを追求すれば、おのずとノンホモになる(第1章参照)。しかし、ほとんどの消費者はホモジナイズされた牛乳しか知らない。現実に、ビンの上部に浮くクリームに違和感をもつ人が多い。疑問に対しては、「自然な牛乳だから、クリームができるんですよ」とていねいに説明してきた。正しい情報を直接消費者に伝えれば、理解してもらえる。いまではこのクリームが大好きという人も増えてきた。

また、一般の低温殺菌牛乳の消費期限は五日だが、中洞牧場の場合は賞味期限を七日としている。これは、製造日から一〇日後の検査結果における実績から、七日で問題ないという確認を保健所から得たためである。衛生管理と急速冷却の徹底が功を奏したわけだ。なお、五日以内は消費期限、五日を超える場合は賞味期限という目安が、食品衛生法とJAS法（農林物資の規格化及び品質表示の適正化に関する法律）で示されている。

ところで、わたしは牛乳プラントの機械操作はまったく未経験だった。プラント完成後、大手乳業メーカーの元工場長に一週間指導していただいたが、簡単に覚えきれるものではない。ミスを繰り返しながら習得していった。販売をストップしたくなかったから、試運転をしている余裕はない。完成後最初の一週間は睡眠三～四時間で働き続けた。

図4（一三三ページ）に示した加工工程に沿って生乳をポンプで送り、牛乳とパイプラインに残った冷却用冷水の流れる方向をバルブで切り替えていかなければならない。牛乳が入ったパイプは透明ではないから、目に見えない牛乳の流れを操作するのがむずかしい。バルブの切り替えを間違えれば、大きなミスにつながる。実際、操作ミスで牛乳を全量排水配

管に流したこともある。以後、作業のマニュアル化を徹底してミスのないように心がけている。

◈ミルクプラント施設の概要

牛乳の加工工程を図4、殺菌・冷却のフローチャートを図5に示した。牛乳製造の基本は、良質の生乳を用いて完璧な殺菌と冷却を行うことである。雑菌の繁殖を抑えるためには冷却がいちばん重要だ。

加工される生乳は一日五〇〇〜六〇〇kgである。一日七〇〇〜九〇〇本（二〇〇mℓ、五〇〇mℓ、七二〇mℓの合計）の牛乳と、アイスクリームやヨーグルトなどを製造している。中洞牧場だけでは生乳が足りない。そこで、提携牧場（全農からの強い規制があるため、牧場名は伏せる）から、全農の買い取り価格より高い一定の契約価格で仕入れている。

生乳をストレージタンクに受け入れると、まず比重、風味、酸度、一般細菌、大腸菌群などを検査する（風味は官能検査）。基準をオーバーしている場合は、すぐに改善するように牧場に連絡をとる。検査で問題がなければ、バランスタンクで流量を調整してから、プレート（熱交換器）を六三℃で通過させて殺菌し、ホールディングタンクで三〇分保持した後、ふたたびプレートで瞬時に五℃まで冷却する。一般的には前日に殺菌するため、貯乳用にサー

図4　低温殺菌牛乳の一般的な加工工程

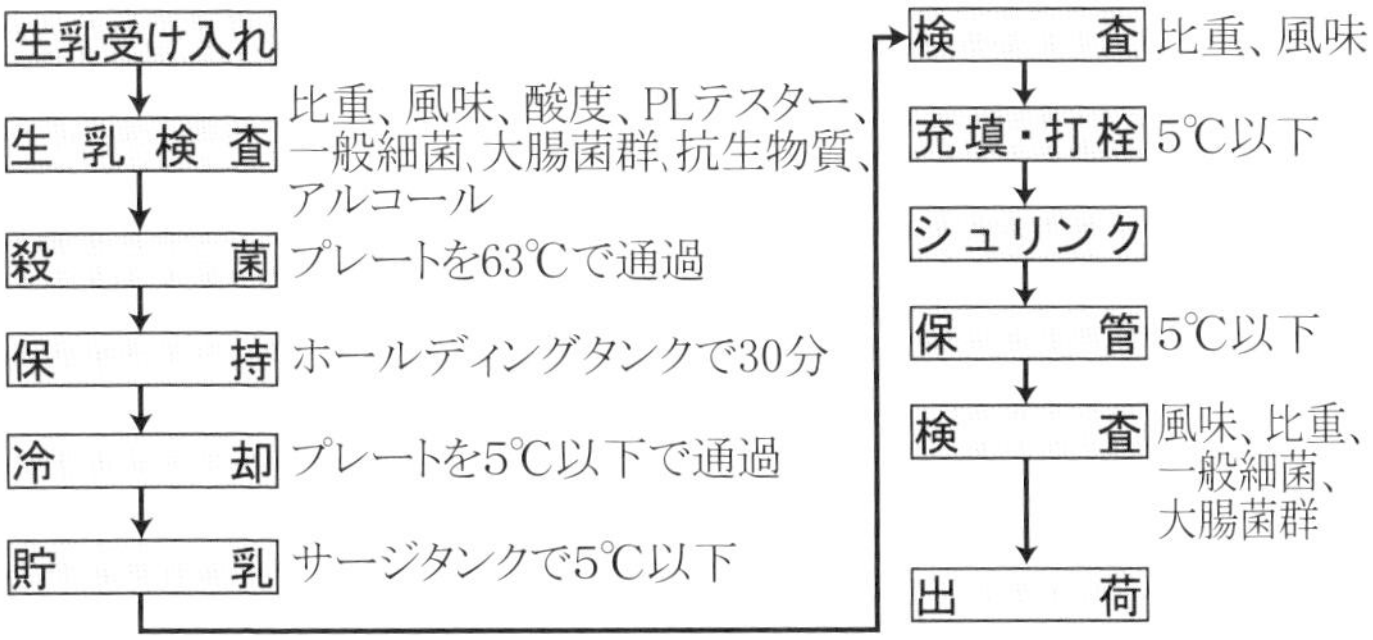

（注）PLテスターは、牛が乳房炎にかかっていないかを調べる液体。

図5　低温殺菌牛乳の殺菌・冷却の一般的なフローチャート

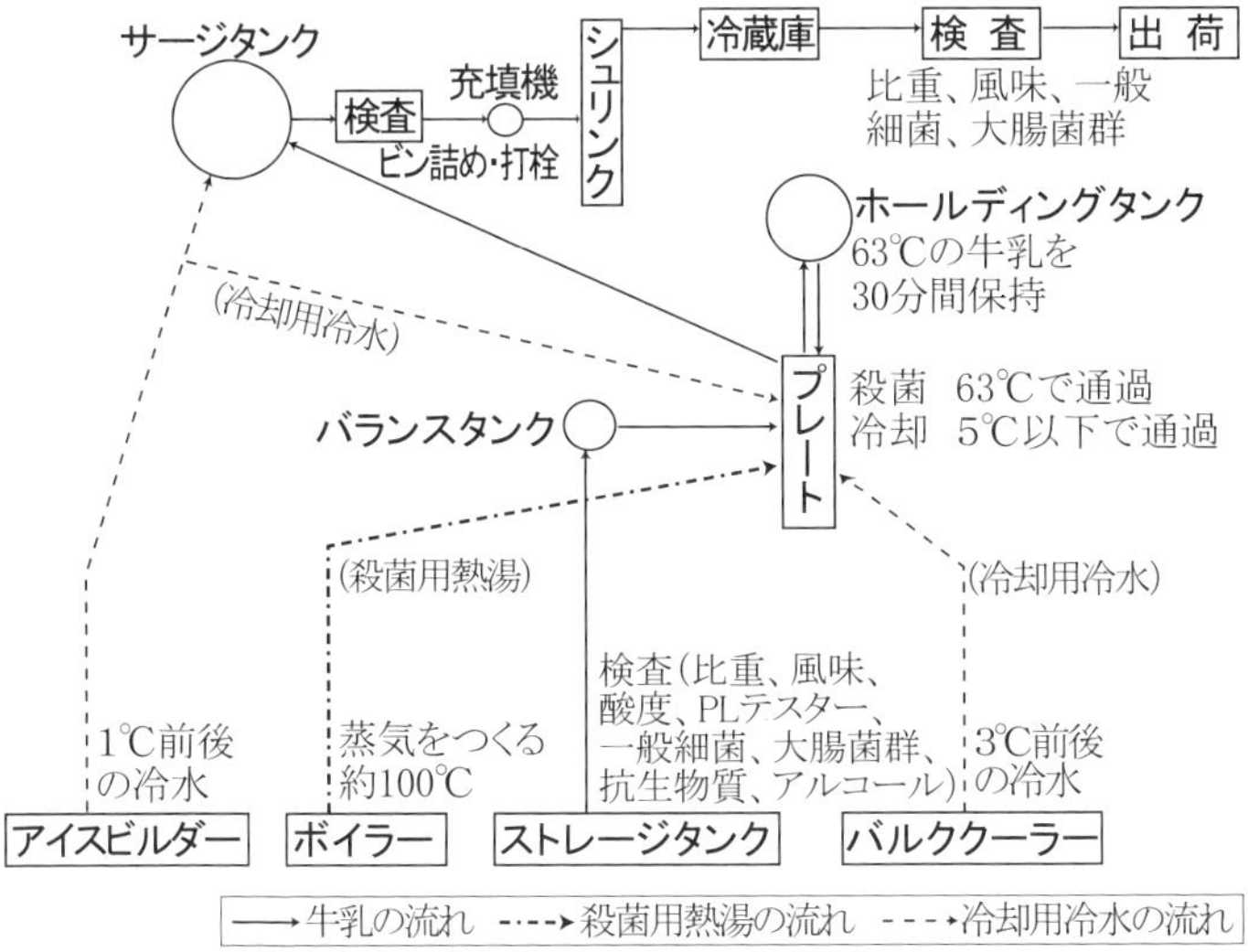

（注）牧場とは別に、牛乳プラントにもバルククーラーがある。

ジタンクが必ず必要となる。しかし、中洞牧場では当日殺菌なので、貯乳する必要がない。設備メーカーの指導でつけはしたが、機能はしていない。

その後、比重と風味を検査して充填機でビンに詰め、打栓機で紙のフタを打栓。フィルム付きのオーバーキャップで紙のフタを覆い、シュリンクでフィルムを収縮させてフタをする。そして、冷蔵庫で五℃以下で保管。出荷前には、さらに比重と風味に加えて、一般細菌と大腸菌群を検査する。

つまり、全部で三回の検査を行うわけだ。委託加工時には品質トラブルが何度かあったため、検査は担当の従業員が徹底して行うようにしている。

なお、ヨーグルトは生乳を発酵タンクに入れて八〇℃で加熱し、四〇℃に冷却。それから植菌して四時間保持した後、冷却して攪拌する。また、アイスクリームは原材料を調合して六八℃三〇分殺菌し、五℃で冷却してフリージング（アイス状態）する。

衛生管理の徹底

当初は、プレート（三〇〇万円）や検査機器（一〇〇万円）は過大投資とも思った（おもな機器は表4参照）。だが、雪印乳業が起こした食中毒事件後、保健所の立ち入り検査が頻繁に行われるようになり、いまでは決して過大投資ではなかったと考えている。

表4 プラントのおもな機器

製　品	名　　称	容量	価格(万円)	備　考
牛乳	ストレージタンク	1500ℓ	200	中古
	バランスタンク	100ℓ		
	プレート(熱交換器)		300	
	ホールディングタンク	700ℓ	100	中古
	サージタンク	400ℓ	200	
	充填機		200	
	シュリンク		180	
	冷蔵庫		150	
	検査機器		200	
	アイスビルダー		150	
	ボイラー		150	
	洗ビン機		200	
	ビン殺菌機		100	
	ライン配管		100	
	排水浄化槽		200	
	タンクローリー車	200ℓ	800	中古
アイスクリーム	パステライザー	20ℓ	300	
	パステライザー	20ℓ	30	中古
	フリーザー	4ℓ	300	
	フリーザー	4ℓ	20	中古
	フリーザー	6ℓ	30	中古
	急冷庫	200ℓ	20	中古
	冷凍庫	1坪	20	中古
	冷凍庫	5坪	50	中古
	充填機		20	
	シーラー		10	中古
ヨーグルト	発酵タンク	400ℓ		牛乳ラインから移転
	充填機			牛乳ラインから移転

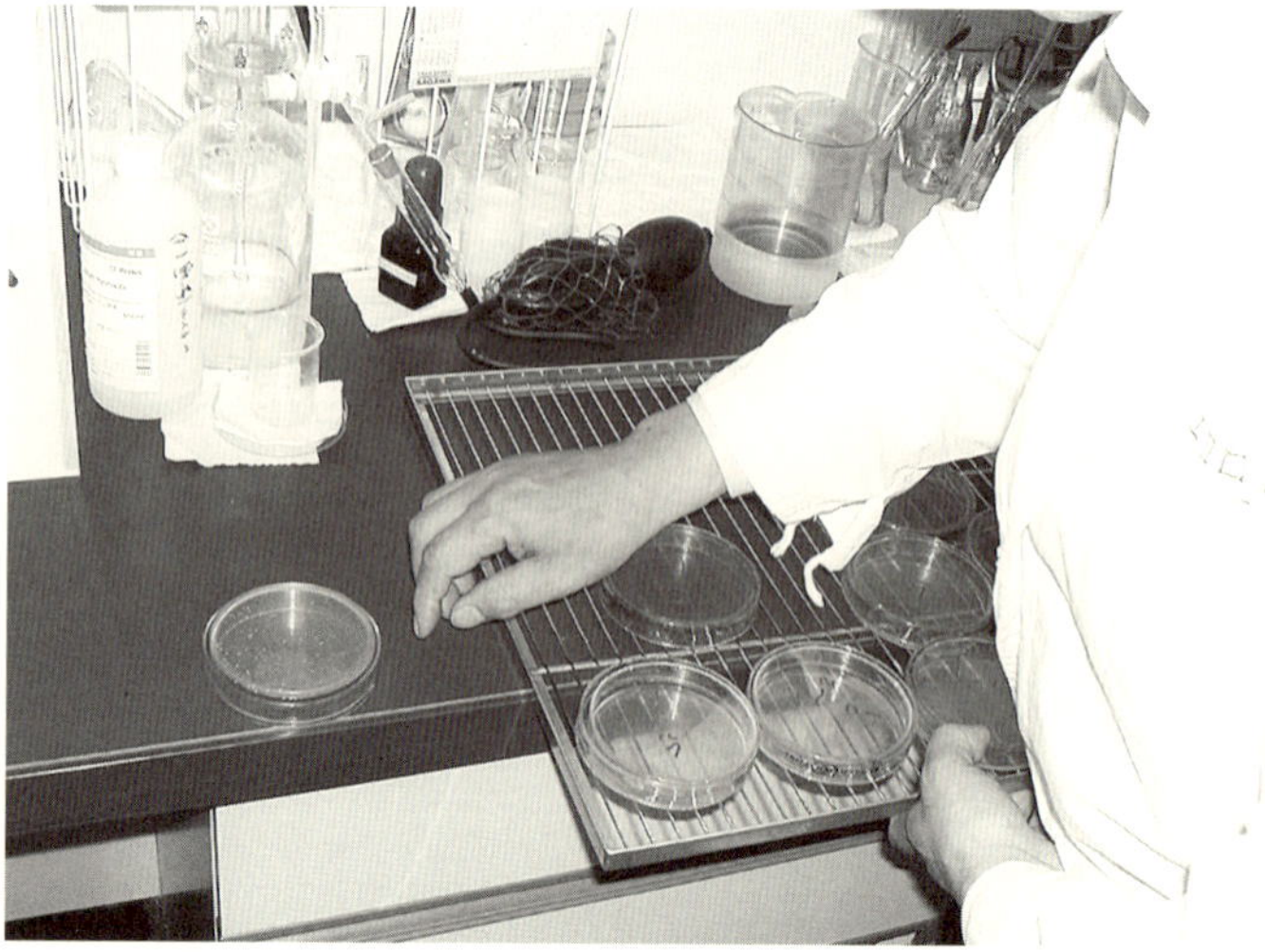
検査室で一般細菌や大腸菌群の数や有無を判定する

中洞牧場のようなミニプラントでは、プレートは設置せず、直接殺菌タンクへ冷水を注入して徐々に冷却する場合が多い。しかし、プレートの導入によって安定した品質が保たれている。その後の厳しい基準を設けるところとの取引に際しても、衛生管理の整ったプラントが功を奏した。

雪印乳業の食中毒事件以後、食品の衛生管理に多くの関心が集まっており、一層の徹底が必要である。現在は、岩手県の工業技術センターに勤務していた専門家を品質衛生管理担当顧問として迎え、念には念を入れている。

検査機器も高品質の牛乳を出荷するためには欠かせない。牛乳から大腸菌が検出されるのは、雑菌に汚染されているからである。一般細菌が増殖していないかの管理が衛生的な牛乳づくりの原点だ。日々の検査によって、ラインやビンの汚れはすぐにチェックできる。保健所が年一～二回行う抜き取り検査では、一般細菌数一mℓ三〇〇個以下の状態を常に保っている。保健所員は三〇〇個以下はカウントしないため、仮にゼロでも「三〇〇個以下」と記されるが、自社検査ではほとんど毎日ゼロだ。

　ラインの汚染は品質上、決定的ダメージとなる。徹底した洗浄を心がけなければならない。牛乳製造業は、機器洗浄が最大の仕事と言っても過言ではない。ふだんは自動洗浄だが、一カ月に一回定期的に全ラインを分解して手洗浄を必ず行う。爪のあか程度の汚れも、決して見逃してはならない。毎日の作業前には一〇〇℃の蒸気と九五℃以上の熱湯で全ラインの殺菌を行ってから、牛乳製造に取りかかる。出荷前の製品検査の際に行う細菌数のチェックによって、ラインの衛生状態は確認できる。

　河川を汚濁しないように、排水浄化にも気を配っている。現在の排水量は一日三〇〇ℓ程度だ。当初は曝気《ばっき》方式(汚水に空気を送り込み、バクテリアを繁殖させて浄化する方法)を考えたが、初期投資やランニングコストを考えて、木片チップにバクテリアを混入させて通過させ、浄化する方法を採用した。

中洞牧場の牛乳は大地からの贈り物だ

ビンにこだわる

〇五年には、やはりビン入りの「四季むかしの牛乳」を新たに発売した。第4章でくわしく述べるが、これからは各地に提携牧場をつくり、統一ブランドでの販売をめざしていく。その際、「エコロジー牛乳」では中洞牧場のイメージが強すぎるので、名称を変えることにしたのだ。エコロジー牛乳は共同購入グループ向けに販売を続け、一般の消費者には提携牧場の生乳も入った四季むかしの牛乳を販売する方針である。今後は、四季むかしの牛乳がシンボルとなっていく。

　ビンの容量は、二〇〇㎖、五〇〇㎖、七二〇㎖。紙パックは軽量で扱いやすいが、パック臭が否めない。風味を最優先に考え、ビンにこだわっている。

低温殺菌で生乳の風味が残るように工夫しても、紙パックでは徐々に味が損なわれていく。「ビンは重い」「洗うのが大変」とお客様に指摘されたが、味のよい牛乳はビンでなければならないという信念を貫いた。したがって、ビンに詰める充填機に加えて、洗ビン機、ビン殺菌機が必要となる。もっとも、手動式充填機は二〇〇〇万円で、紙パック充填機の一〇〇〇万円以上と比べれば、はるかに安い。

手動式充填機は人間が一本一本操作するから、衛生面には十分に注意している。洗ビン機は自動タイプもあるが、かなり高い。日量数百本レベルで、人員が豊富であれば、手動で十分だ。汚れのチェックは目視が確実である。ビン殺菌機はロータリー式で、次亜塩素酸ソーダで殺菌する。ただし、塩素殺菌を嫌う消費者もかなりいるので、蒸気殺菌のほうがよかったという思いもある。

限りある資源、製造やリサイクル・廃棄にかかるエネルギーなどの環境面からビンが再評価される時代が来ると、わたしは確信している。地元宅配の場合は配達時に空ビンを回収し、洗って殺菌して再利用する。ビン代はいただいていない。地方発送の場合はビン代を含めた価格なので、返却の必要はないが、ほとんどの消費者はわざわざ返却してくださる。当然ビン代はお返しするが、送料は消費者負担だ。ほぼ全員がきれいに洗って返してくださるのは、とてもうれしい。宅配便業者と提携して、送った箱に空ビンを入れて玄関先に置いておけば回収される仕組みができている。これで、送り状に住所を書く手間が省ける。

フタは、衛生面に配慮し、紙の中栓の上からＰＰ（ポリプロピレン）のオーバーキャップをはめ、さらにＰＳ（ポリスチレン）フィルムで覆っている。飲みきれない場合はキャップを使用すれば、冷蔵庫内のほかの食品からの臭い移りを防ぐことができる。

酪農家の汗の賜物に見合った価格

九七年当時の牛乳業界も大量販売競争の渦中にあり、スーパーの目玉商品としてミネラルウォーターより安い価格で売られていた。しかし、牛乳はいわば牛の血であり、酪農家の汗の結晶である。「神が与えた最良の飲みもの」と表現する人もいる。この低価格は、酪農家にとっても牛にとっても屈辱以外の何物でもない。

わたしは誇り高き酪農家だ。愛する牛たちとともに生産した価値ある牛乳を、価値に見合った価格で販売したい。酪農家の労力に見合った価格で販売できなければ、経営を維持していくことはできない。酪農家が自立するためには、放牧して国産の草で育てた牛から搾ったノンホモ・低温殺菌牛乳であれば、スーパーに並ぶ一般牛乳の倍以上であってもよい。

表5 中洞牧場の職員配置

部門	人数	業務内容
製造	6	牛乳殺菌、ビン詰め、ビン洗浄、アイスクリーム、ヨーグルト
事務	6	経理、販売管理(受注、発送、資材発注)、営業、顧客対応
検査	1	製品検査(製造担当兼務)
牧場	2	搾乳、集乳、牧場作業(1名は製造兼務)
配達	1	地元宅配

そう考えて、エコロジー牛乳の宅配価格（ビン代はなし、送料・税別）を四二〇円（七二〇㎖）とした。また、四季むかしの牛乳は、二〇〇円（二〇〇㎖）、五〇〇円（五〇〇㎖）、七二〇円（七二〇㎖）で販売している（いずれもビン代・税込み）。

スタッフの配置と年商

中洞牧場では現在、わたしを含めて一六名が常勤で働いている（ほかに監査役一名、顧問一名）。代表取締役のわたしの仕事は社長業に加えて、牧場、営業、広報、工務（機器修理、フランチャイズのプラント建設）と業務全般だ。取締役は四名（営業・製造・総務の担当が一名ずつ。残り一名は非常勤）、職員一二名である（表5参照）。年中無休のため、わたしがすべての部署の欠員を補っている。

製造部門は、牛乳殺菌とビン詰め、ビン洗浄で三～四名、アイスクリーム三名、ヨーグルト一名だ。ライン作業（牛乳殺菌）は繊細な注意力と高度な技術を要する。一日も休まず稼働しているため、わたしを含めて交代で行う体制をとっている。ビン洗浄は単調な作業のように思われるが、ビンの汚れは大きな経営リスクを引き起こすから、決して軽視してはならない。一日数百本を手で洗うには体力が欠かせない。

事務部門は、経理、販売管理、営業、顧客対応と煩雑な作業をこなさなければならない。

検査部門は、製造担当者が兼務。生乳、出荷製品、保存品を毎日検査する。また、製造予定の作成、生乳の手配、人員配置も行う。

二つの牧場では糞尿処理や給餌はないから、搾乳に専従が一名いれば十分だ。草刈りなどの作業や休日の交代要員のため、ほかに二名が交代で、製造兼務で牧場作業にあたる。わたしも重要な牧場の戦力だ。

二〇〇〇年に製造部門と販売管理部門を独立させ、有限会社中洞牧場を設立(牧場は個人事業)。〇三年に株式会社中洞牧場に改組した。年商は二期目が九三〇〇万円、三期目が九七〇〇万円と順調に増えていく。〇六年一〇月決算では一億三〇〇〇万円である。

◈宅配を中心にデパートなどへも拡大

〇七年二月現在、中洞牧場では、四季むかしの牛乳、アイスクリーム(ミルク・ゴマ・抹茶・ヨーグルト・抹茶あずき・そばの実)、ナチュラルリッチ(生クリームを豊富に使ったアイスクリーム)、のむヨーグルト、牛肉を使ったハンバーグ、缶詰(カレー、シチュー、すじ煮込)、フルー

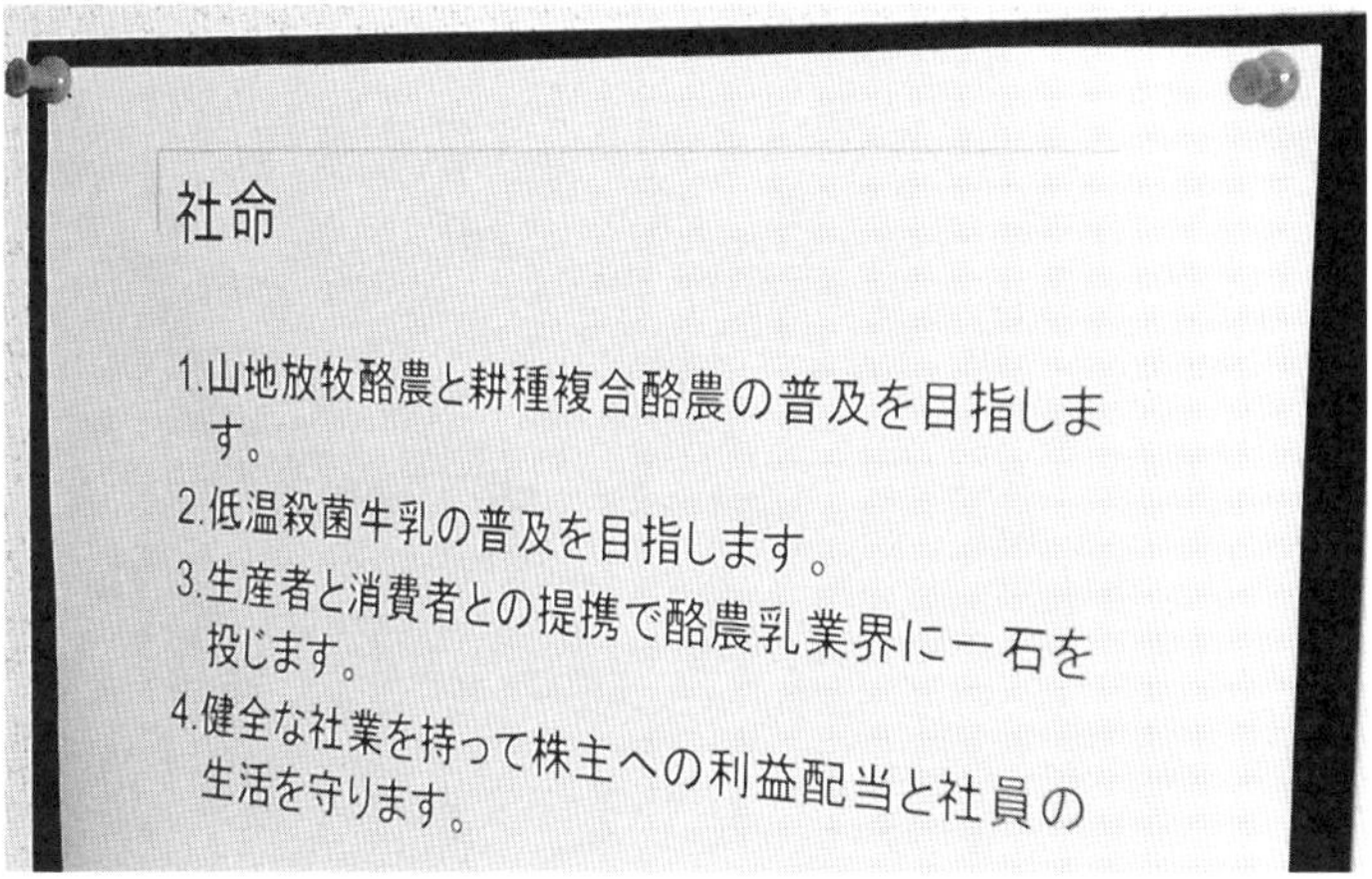
社命
1.山地放牧酪農と耕種複合酪農の普及を目指します。
2.低温殺菌牛乳の普及を目指します。
3.生産者と消費者との提携で酪農乳業界に一石を投じます。
4.健全な社業を持って株主への利益配当と社員の生活を守ります。

事務所に掲げられた4つの社命

ツソース（イチゴ）を一般消費者のみなさんにお届けしている。

アイスクリームは四季むかしの牛乳をたっぷり使用し、安定剤や乳化剤は添加していない。解凍しないかぎり劣化しないので、賞味期限はない。ハンバーグは牧場の廃用牛を使っていたが、好評で供給が追いつかなくなり、現在は岩手県産の放牧飼育の日本短角牛（肉牛）を使用している。やはり無添加で、狂牛病の発生以後も売り上げは落ちていない。

販売先は、共同購入グループを含めた消費者への戸別配送が九割を占める。その中心は、らでぃっしゅぼーや（関東地方）、名古屋生活クラブ（名古屋市）、関西よつ葉連絡会（関西地方）だ。それは、戦略的に考えてのことでは決してない。スーパーなどへ卸して販売するためには牛乳の流通から学ばねばならず、一酪農家には到底できなかった。一般流通の外でしか販売できず、戸別配送しか方法がなかったのである。それが結果的に功を奏すことになった。

たとえば大手スーパーと取引すれば、一気に売り上げを伸ばすことは可能だ。しかし、何らかのトラブルで取引停止になれば売り上げ減も急激である。戸別配送の場合は急激な増減がないうえに、都合で配達できずに欠品しても、顔の見える関係だから事情をきちんと話せば許される。

店頭販売は、「良い食品づくりの会」の協力店が中心である。この会は、「①何より安全、②おいしい、③適正な価格、④ごまかしがない」食品の供給をめざす食品製造者と販売者の集まりだ。七五年から全国で活動し、「良い食品をつくるための四原則」には以下のように謳われている。「①良い原料、②清潔な工場、③優秀な技術、④経営者の良心」。

月一〜二回の勉強会と年三回の全国フォーラムへの参加をしたうえで、商品を会員全員で審査して認められれば、入会が許可される。原材料製法部会、官能部会、衛生表示部会の三つで厳しい審査をクリアしなければならない。認定を受けた商品は、協力店の販売担当者が消費者に説明しながら販売している。六二の生産者会員と五七の販売協力店会員からなり(〇七年一月現在)、入会後も地域研修会、総会、合同研修会を通じて研鑽を重ねていく。

また、〇二年ごろから、髙島屋、三越、近鉄、東急、鶴屋などの大手デパート（北は札幌から南は鹿児島まで）、スーパー、自然食品店での販売が増えている。東京・新宿の伊勢丹では、〇六年に夏ギフトのアイスクリーム企画のお話をいただき、提案した「ナチュラルリッチ」四〇〇円（税別）を先駆けて特別限定販売したところ、期間の前半でほとんど売れてしまった。そして、決して安くはないこの商品が、中洞牧場の〇六年夏ギフトの売り上げトップとなったのである。さらにパン屋、洋菓子店、フランス料理店にも出荷している。

大手百貨店の物産展などに出展し、消費者と対面しながらの販売も行ってきた。飲食していただき、会話することで商品への一層の理解が得られ、新規顧客増へとつながっている。その際は、商品パンフレットや注文ハガキなどを配り、注文しやすいような配慮を怠らない。

最近では、ＪＲ系列の日本レストランエンタープライズ（ＮＲＥ）の東京駅構内の店舗でのソフトクリーム販売、東京・銀座で永谷園が経営するバイキング方式の自然食レストランの草分けでもある「餉餉《けけ》」とセコムの通販「セコムの食」でのアイスクリーム販売が始まった。

そして〇六年九月には、ソフトクリームをメインとした直営店ChiChiを盛岡市のイオン盛岡南ショッピングセンターにオープンした。同センターが全国ではじめて、地元に根ざした地産地消の小さな企業を中心としたコーナー「いわて活菜横町結いの市」を設け、その孫テナントとして入居したのである。声をかけてくれたのは、イオンから委託された、いわて産業振興センターだ。三坪にも満たない小さな店舗だが、お客様とじかに接することができるのは、大きな魅力である。

3　愛飲者たちの声

◈メッセージを伝える

わたしは消費者に対して、牛の飼育方法、飼料の安全性、人間が食べられる穀物を飼料に使う問題などを、四季折々の話題や新聞記事を交えながら、当初は手書きのメッセージで、現在は情報紙「四季」やホームページの「牧場便り」で、発信してきた。「牧場まつり」を年に一回開催し、全国の消費者や販売先と交流する機会を設けていたときもある。交通の不便な地域にもかかわらず、毎年多くの来客を迎え、好評をいただいていた。

食の安全性というものがいちばん基本的なことを消費者に訴えてきたゆえに、事業の拡大につながってきたと思う。ここに行き着くまでには長い道のりがあった。これからも消費者や販売先の生の声を聞き、牧場の様子を肌で感じてもらい、よりよい関係のなかで、よりよい商品をつくり続けていこうと考えている。

全国から日々、中洞牧場の方針や商品への感想、わたしへの叱咤激励をいただいてきた。それは、わたしにとって、言葉では言い表せないほど貴重な宝物である。以下そのごく一部を紹介したい（表記を統一し、省略した部分もある）。

おいしさに感激

「私は、らでぃっしゅぼーやで御社の牛乳とのむヨーグルトのセットを毎週いただいているものです。ホームページの「牧場便り」にてテレビ東京での放映を知りました。ビッグファザーの牛さんもベッピンでした。上手にアザミの葉を食べていて、たくましかったです。毎週美味しく大事に牛乳とヨーグルトをいただき、時々はアイスもいただいています。末永く「美味しい思い」させてください」（らでぃっしゅぼーや会員／東京都板橋区）

「なんともいえない優しい舌触りというか、もう一本飲みたいという後を引く感動でした。なるほど自信を持たれておっしゃっていた通りだと。北海道に行くと、「濃い」が一つのセールスになっていますが、どちらかというとそういった比較ではなく「優しい」と感じた次第です。岩手には、中洞牧場さんのように、一生懸命すばらしい商品を作っている方々がたくさんおり、私の大好きな県です。ぜひどこにも負けない御社の製品を多くの人たちにお届けください」（会社員／東京都中央区）

「夏のギフト「牛乳セット」を受け取った友人から「バテて疲れきっていたのに、牛乳とヨーグルトを飲んだら、翌日から元気が出て、やる気が出てきた」と感謝の手紙が来ました」（東京都杉並区）

「五月下旬から二週間滞在した、アメリカ在住の親戚が、アイスクリームを「甘すぎなくて、美味しい！　美味しい！」と食べておりました。カップにも工夫が施され、助かっております」（京都府京都市）

「甘みと濃さとまろやかな味があり、一度飲んだら忘れられないほど美味しい牛乳です」（宮城県加美郡）

「スーパーテレビ拝見いたしました。あんなに雪深いところで牛を育てているとは思っていませんでした。中洞様のご苦労と努力のおかげで、わたしどもは美味しく安全なエコロジー牛乳をいただけるのですね。ありがとうございます。これからも大切なご家族とわたしたち消費者のため、長くがんばってくださいませ。こんなすばらしい食べものを見つけて届けていただけるオルターにも感謝です」（オルター会員）

「中洞のビン牛乳絶品です。正直牛乳嫌いです。一年に一～二回飲むくらいで、それも料理の残りがあればって感じですが、中洞の牛乳なら毎週飲みたい!!　牛乳というより、上質のケーキを食べた後のようなフレーバーと甘さ…すごくビックリ…牛乳ってこんな味なの？　感動です!!」（関西よつ葉連絡会会員）

この牛乳なら飲める

「私は二年前、血液の難病で骨髄移植を受けました。無事退院できましたが、一年以上、拒否反応のようなものに苦しみました。唾液がほとんど出ず、話そうとすると唇が歯にくっついて、話せないほどです。薬の副作用による吐き気や食欲不振に加えて、ひどい味覚障害を起こし、食事がほとんどのどを通らなくなってしまいました。

そんなとき、以前何度か飲んだことのある「岩手岩泉放牧牛乳」を思い出したのです。そして、恐る恐る（私の味覚異常は、思い起こせば入院中に出たM乳業の牛乳を飲んで、腐っていると感じたときから始まったのです）飲んでみたところ、驚いたことに、さわやかな甘みを残して、さらりとのどを通っていったのです。「ああ、美味しい！　ああ、これなら私にも飲める！　これで栄養が取れる！　大丈夫かもしれない！」と心の底から安堵感がわきあがってくるのを感じました。そのときの感動はいまでも忘れることができません。

そして、こんなに弱った体（口）でも受け入れられるこの牛乳は、「本物」だと強く確信したのです。その後は、放牧牛乳のお陰で徐々に回復していきました。唾液の量も体の回復と同時に少しずつ増え、まだ以前の四分の一の量ながらも食欲に支えられて、二年を過ぎたいまでは、ほとんどのものを味わえるようになりました。わたしは、いまではほかの牛乳も飲めるようになりましたが、低温殺菌・ノンホモでないと口の中が変になります。「放牧牛乳」のように「本物」の食物には、カロリーやタンパク質などの成分表示で表される以外にプラスアルファがあるように思えてなりません。中洞さんの放牧牛乳は、わたしの病後の弱った体を回復に導いてくれた命綱とも言えるものでした。本当にありがたいと思います」（らでぃっしゅぼーや会員）

「私は一歳五カ月の娘がいる主婦ですが、この子を妊娠しているときから中洞さんの放牧牛乳を飲みはじめました。妊娠しているあいだじゅう、化学物質のにおいに拒否反応を感じ、たとえば、ご飯を炊くとき、炊飯器をベランダに出していましたし、お風呂の磨き洗いも気分が悪くなっていました。外気にも敏感で、空気清浄機をいつもかけっぱなし。ご飯は、無農薬のお米に変えた途端、平気になり、お風呂洗いはヒノキの成分の入ったもので乗り切りました。

牛乳は毎日四〇〇cc飲むように言われていて、もともとあまり好きではなかったので、きな粉を入れたり、プルーンを混ぜたりしながら、毎日飲んでいました。放牧牛乳は美味しかったです。

薬や消毒や、えさがどんなものかわからない牛から、どういった牛乳が出てくるんでしょうか。想像できません。愛情をかけられた牛さんから新鮮なミルクをうちの子にも分けていただき、すくすく大きくなってほしいです。アイスクリームは最高に美味しいですね。わが家では、もう手放しに絶賛です。主人といつも取り合いです。いろいろとご苦労がおありではないかと思いますが、ぜひ、わたしたちのために長く続けてくださいますように」（らでぃっしゅぼーや会員／愛知県名古屋市）

◈放牧牛乳、低温殺菌牛乳を応援したい

「牛乳はまずいと思って育ちましたが、数年前これに出会って、臭みのなさとこくにはまってしまいました。昨年生まれた娘が先日初めて牛乳を飲みました。生まれて初めての牛乳が岩手放牧牛乳であることは、とても幸せなことです。少し（かなり？）お高いのですが、健全な酪農を育てるためなのですから我慢しなくてはなりませんね。今後も行政に妥協しないで、安心で美味しい牛乳をつくり続けてください」（東京都港区）

「以前は、何も考えず、スーパーで購入した紙パックのものを飲んでいましたが、偶然見たＮＨＫのドキュメンタリーで酪農家を扱った番組を見て、心底びっくりし、とてもそう

いった牛乳を飲む気分になれなくなりました。水より安く買い叩かれる牛乳と、農協からの借金に苦しむ酪農家と、牛乳製造マシーンになってしまった牛たち。そのなかでも、乳房炎に苦しみ、お払い箱になる牛が車に乗せられていく表情や、過酷な搾乳の無理がたたって、仔牛を死産した母牛の恨めしそうな眼の映像が、忘れられません。

ただ、安いというだけの、誰も幸せではない、恨みの結晶のような牛乳。そんなものは飲みたくないと、心から感じました。紙パックの味がしないビン入りで、低温殺菌で、ノンパスチャライズドで、幸せな牛から搾られる。そういう理想の牛乳を味わうことができ、皆さんありがとう、という気持ちです。乳脂肪の量や、味が、毎回少しずつ違うのも楽しみ」（らでぃっしゅぼーや会員／神奈川県海老名市）

「最近読んだ本にも、肉や乳製品の摂取を減らせば環境、健康、節約の三つの観点でよいと書いてありました。中洞さんのおっしゃるとおり、古くからの食文化を守ることは健康にもいいように思います。たとえば牛乳。多くの成人した日本人には消化、吸収するための酵素がないといわれるのに、はたして必要なのでしょうか？　そういった不自然な食生活がアレルギーの原因の一つかと思います。

こんなことを考えて、わたしも牛乳を買っています。中洞さんの牛乳はとても美味しくて、最初は「牛乳ってこういうものなのか！」と驚きでした。

父の実家は千葉の農家です。祖父は牛を一頭飼って、おもにお米をつくっていました。いま、叔父は牛を手放して、花を出荷しています。父より六歳若いはずの叔父は、日に当たるためか、農薬を使うためか、ずっと老けて見えます。叔母は手がぼろぼろです。本人は農薬のせいだと言います。いまの農業は働く人にとっても不自然なものになっていると常々思ってきました。目先の効率や利益を追求する新しい方法は、なんと浅はかなんでしょう。先祖代々続いた農業は、それだけ理に適ったものだったんですね。これは、農業だけの問題ではなく、すべての消費者の問題だと思います」(らでぃっしゅぼーや会員/東京都)

「わたしは、できるなら、世界で飢えている人がいる間は、穀物を飼料にしてほしくないのです。アメリカで知り合った同世代の女性はベジタリアンでした。当時のわたしはベジタリアンに対して、「動物を殺して食べるのはかわいそう」と思っている人たちというイメージをもっていて、違和感を抱いていました。でも、「どうして肉を食べないのか」というわたしの問いかけに対する彼女の答えは、「わたしは人間が食べるべき穀物を大量に消費して生産される肉を食べたくないだけ。田舎に住んで放牧して育てた肉を食べるのは抵抗がない」というものでした。わたしも基本的にその考えに賛成です。

でも、神奈川という都市に住んで、食料生産を他人に頼っていて、ときどき肉を食べたくなるわたしは、ベジタリアンになれません。自分の生活を壊さない範囲で、よりよい選択をするだけです。その一つが中洞さんの牛乳なのは言うまでもありません。

この問題は、日本の食自体が、他国の富（エネルギー、食料、自然など）を奪って成り立っていることともつながっています。この複雑に絡み合った現実のなかでできることは、中洞さんのような問題提起をし続けることと、限られたなかでよりよい選択をすることだと思うのです」（らでぃっしゅぼーや会員／神奈川県）

第4章
これからの日本の酪農

野シバを食べる中洞牧場の牛。こうした風景を各地に広げるのが今後の目標だ

1　自然放牧への転換

牛は飽食、人間は飢えと病気

日本で牛乳が大量に飲まれるようになったのは、消費者のニーズにもとづくものではない。すでに述べたようにアメリカの経済戦略が大きくかかわっていた。日本人が大量に牛乳を飲む必要があるのだろうか。

日本人の伝統的食生活は米や雑穀と魚や野菜を中心とし、数千年の食文化を育んできた。ところが、一九六〇年代以降に急激な変化が起こり、農業は崩壊の一途を歩んでいる。食料自給率は四〇％、食生活に欠かせない大豆の自給率はわずか三％だ。

そもそも酪農は、穀物生産の補完的作目である。穀物生産に向かない土地で草を利用して牛乳や乳製品を生産するのであり、穀物生産の適地には酪農は必要なかった。日本をはじめ大半のアジア地域に酪農が定着しなかったのは、穀物生産の適地であったからにほかならない。

したがって、日本では、米を筆頭に穀物を生産する農業を優先すべきである。繰り返しになるが、世界では八億人もが飢餓に苦しんでいる。日本の牛が大量に食べているトウモロコシや大豆や小麦すら、彼らは食べられない。文明が発達したこの二一世紀に、日本の牛は人間の食べものを飽食して病気になり、途上国の人間は飢えている。こうした「カロリーの迂回生産」は許されない。

また、欧米諸国では、動物性タンパク質や脂肪の摂りすぎによる病気が増え、伝統的な日本食が見直されている。生活習慣病が蔓延し、一億半病人化している日本でも昨今、多くの人が欧米化した食生活に警鐘を鳴らしている。

見せかけの自給率

草だけを食べる牛の乳は決して白くない。市販の牛乳はあたかもペンキのように真っ白だが、色素が多く含まれた生草を豊富に食べた牛から搾った牛乳は黄色味を帯びている。肉の脂身が白いのも同じ理由だ。生草を食べた牛の肉の脂身は、やはり黄色味を帯びてくる。ところが、そうした肉は「等外」となり、買い叩かれる。牛乳の乳脂肪分をはじめとする固形分が少なくなって、安い価格でしか販売できないのは、すでに述べたとおりだ。

だから、酪農家や畜産農家は牛に生草を与えず、栄養価の高い穀物を与えるようになった。人間が高度な技術を駆使して「白いもの」を大量生産するために、穀物を中心とした配合飼料やサプリメントを大量に牛舎の中で与えるのだ。その延長上にあるのが、狂牛病の原因となった肉骨粉である。

現在の日本の酪農は、輸入穀物飼料なしには成り立たない。「牛の四本足のうち三本はアメリカに立っている」「アメリカがくしゃみをすれば日本の酪農は風邪を引く」と言われるのは、その状況を的確に表している。牛乳・乳製品の自給率は七〇％前後で、牛乳に限れば一〇〇％自給していると言われているが、乳牛の餌の大半を輸入に頼っている以上、完全自給論は大いに疑わしい。

世界人口が増加の一途をたどるのは間違いない。しかも、温暖化や農地の砂漠化で穀物の増産は望めないという見方が一般的だ。人道的見地のみならず、安定的に牛が穀物を食べ続けられる保証はない。

輸入飼料による環境への負荷も大きな問題である。日本の国土にキャパシティを超える量が輸入されているのだから、国土の消化不良が発生するのは明らかだ。輸入飼料・食料による窒素量は六〇年から九二年の三二年間で約六倍に増えたという。これは構造的な問題であって、個々の酪農家の糞尿処理方法としてのみ対処するのは、重大なすり替えにほかならない。

お勧めできる牛乳はわずか

わたしが知るかぎり、現在、①輸入飼料を使わない、②放牧している、③ノンホモ・低温殺菌という三点を満たしたお勧めできる牛乳を製造している会社は、日本に四社しかない。そのうち二つは、後に紹介する(株)斉藤牧場と、シックスプロデュース(有)である。残りの二社は以下のとおりだ。

まず、岩手大学ジャージー牛乳。輸入飼料はまったく使わず、放牧飼育だ。生産量は限られているが、トップクラスと言える。低温殺菌を中心に製造している湯田牛乳公社(岩手県西和賀《わが》町)に、製造は委託している。また、大阪市に本社があるスーパー大近《だいきん》が経営するラッキー牧場(広島県庄原《しょうばら》市)も、輸入飼料を一切使用せずに飼育した牛乳を生産している(島根県雲南《うんなん》市の木次《きすき》乳業をとおして出荷)。低温殺菌牛乳を製造している中小乳業メーカーはいくつかあるが、輸入飼料も使っていたり、放牧していなかったりと、三つの条件をすべては満たしていない。

日本の酪農は、経済力にものを言わせ、略奪的に穀物を買いあさり、途上国の人びとを飢えさせる非人道的産業と言われても致し方ないだろう。そうまでして、日本人は牛乳を飲まなければならないのだろうか。そして、こうした形態の酪農から生産される牛乳が、今後も消費者から支持されるだろうか。

わたしには、残念ながら支持されるとは思えない。もし現状の酪農が続くとすれば、わたしは「日本には酪農はいらない」と断言する。

◆日本の風土と文化に根ざした酪農

では、国産自給飼料ならばよいのか。温暖な気候の平地で家畜の餌をつくることは許されないと、わたしは考えている。そうした地帯では、人間の食料の基幹である穀物（日本の場合は米が中心）を優先的に栽培しなければならない。それに続くのが野菜だ。酪農や畜産は、優先順位が高い作物が栽培できない傾斜地や高冷地に位置づけられなければならない。

日本では、傾斜地や高冷地といっても植物の生えない地域はほとんどない。その植物資源である草を牛の介在によって乳に変えることが、酪農の最大の存在意義となる。幸い、日本の国土の七割を占める山地は、未利用のまま放置されている。そこには無尽蔵な植物資源である草が眠っているのだ。この草を化学肥料や農薬を使わずに育て、牛を放牧して食べさせれば、人間の食料生産と競合することなく安全で健康的な牛乳を生産できる。

山は当然、林業の生産の場である。しかし、農産物と同様に海外から安い木材が輸入され、日本の林業の衰退はとどまるところを知らない。

また、里山はかつて、燃料としての薪や木炭を生産する、落ち葉を集めて堆肥をつくるなど多面的に活用されていたし、山菜、栗、くるみなど永続的に利用できる自然の産物の供給源でもあった。だが、それらの必要性が薄れた現在では、里山は管理されず、荒れている。鬱蒼とした灌木に覆われ、熊やイノシシの棲みかとなった。最近ではそうした動物が人里に出るようになり、農作物や人間への被害は増える一方だ。

高齢化した農山村では、山地や里山の活用は望めない。そこで牛に活躍してもらうのだ。一部の毒草以外のほとんどが牛の餌になる。厄介者の草も木の葉も笹も牛が食べるから、結果的に山は管理される。そうした酪農を「自然放牧」とわたしは呼びたい。自然放牧から生産される牛乳は、安全性において絶対的な信頼性がある。

自然放牧に変えれば、生産量が下がり、安定的に牛乳が供給されないという不安を覚える方も多いだろう。実際、日本人が現在のような牛乳を大量に飲めるのは、輸入飼料による大量生産があったからだ。当然、自然放牧に移行すれば生産量は減り、価格は高くなる。消費者から不平が出ることもあるだろう。しかし、日本人の基本的食生活を考えれば、牛乳を水代わりに大量に飲むことはそもそもなじまない。以前のように、滋養食品と位置づければいいのだ。

生産量はおのずと、日本で自然に生産される草の量によって決まる。流通がガラス張りになり、生産者と消費者が直結し、牛乳の価値が消費者に理解できるようになれば、消費者は安さだけが価値ではないと理解するだろう。今後の酪農と牛乳は、日本の風土、文化、伝統に根ざさなければ成り立たないと、わたしは考えている。

山や川など自然のすべてを神として敬い、生きとし生ける命を大切にした仏教文化が日本にはある。それは、血の流れる生命をもち、感受性に富んだ牛という生き物と共生する、酪農の根底をなす思想に通じる。

なお、発展途上国では牛の放牧による砂漠化が問題になっている。それは、頭数と草地面積のバランスがとれていないためだ。草地面積に比べて頭数が多い過放牧の状態を長く続けるから起こる現象である。適正な頭数を放牧すれば、アルプスの緑の絨毯のような草地となる。

◈理想的な酪農のイメージ

ぎゅうぎゅうに押し込まれた牛舎から牛を野に放とう。広がる緑の絨毯の放牧地で、輝く太陽のもと、牛は青々と茂る草を悠々と食べる。現在のようなわずか四～五年の一生とは異なり、乳量は少ない代わりに十数年の寿命を全うするまで健康に生き、幸せな生涯を送る。人間と牛は温かい信頼関係をつくりあげるのだ。それは牛の幸せであると同時に、酪農家にとっても幸せな生き方であることに、やがて気づくだろう。

戦後から六〇年代なかばまでの日本がそうであったように、有畜複合型農業を見直そう。稲作農家や畑作農家が数頭の牛を飼育するのだ。庭先にも小さな放牧地を設け、田んぼの畦草や稲わら、野菜くず、家庭の台所から出る食べ残しなどを餌とする。牛が排泄した糞や尿は田畑の貴重な有機肥料となる。究極の循環型農業の完成だ。

もちろん、これで経済的に成り立つのかという問題がある。事実、有畜複合型農業は飼養頭数が少なく、出荷乳量に比べて集乳コストがかかるために切り捨てられてきた。たしかに、現在のような大量生産・大量消費・大量廃棄の発想では無理である。生産量は減るから、価格は上がる。消費者は、飲む量を減らさなければならない。

したがって、地産地消と産直を中心とした流通をつくりあげられるかどうかが最大のポイントだ。牛乳の絶対的価値はフレッシュであること。できるだけ新鮮な牛乳を、できるだけ早く届ける仕組みをつくらなければならない。そのためには、むかしのように、各地に小さな「牛乳屋さん」と呼べる牛乳プラントが必要となる。小さなプラントだから、数頭しか飼わない酪農家の牛乳も加工処理できる。そこから、生産者と消費者の信頼関係も生まれる。多大な経費をかけて生産履歴（トレーサビリティ）を追う必要はない。

スイスをはじめアルプスの国々には、雪をいただく山のふもとで牛が草を食む景観にひかれて、世界各国から多くの観光客が訪れる。日本の山でもそれは可能だ。

自然放牧は林業とも共存できる。杉や松などの木材用の植林地には、植えてから苗木がさまざまな下草より大きくなるまでの数年間、下草刈りという作業がある。炎天下でのきつい仕事だ。これを牛にやってもらうのである。下草のほとんどは牛の餌となる。この「舌草刈り」で木は成長するし、牛も育ち、まさに一石二鳥だ。

また、北上山地のブナ林は家畜の放牧によって形成されたという報告もある。ブナは実生《みしょう》繁殖する（種を播いて苗を育てる）植物だ。下草に笹が生えていると、笹が邪魔して発芽が抑えられる。牛が放牧されれば、笹を食べ、落ちたブナの実を牛が踏みつけて土中に定着させるから、発芽率が高まるのだろう。

牛が幸せであれば、幸せな牛乳がつくられる。そして、幸せな牛乳はおいしい牛乳だ。

「牧場《まきば》のない名家は滅びる」

これは中世のヨーロッパで言われた格言だ。歴代のアメリカ大統領の多くも、休暇を自分の牧場で過ごしてきた。日本でもやがて、エグゼクティブたちのクオリティ・オブ・ライフの空間が牧場となるときが来るだろう。

さらにわたしは、家畜がもつ癒し効果を有効に活用するため、社会福祉法人などに対して、「山羊と創る癒しの空間」の重要性を提案している。牛より小型の山羊はペット的な存在となり、アニマルヒーリング効果と、乳による栄養補給効果がある。園芸療法や森林療法と同じく、今後は大いに注目されていくだろう。

草が薬効ある乳に変わる

牛は、人間が食べられない草を食べて乳や肉に変える、優れた動物だ。現代社会は高度な科学技術を駆使してさまざまな新製品を生み出し、わたしたちは便利な生活を送っている。しかし、牛乳は牛からしか生産できない。

北欧やモンゴルのような寒冷地でも人間が暮らしてこられたのは、牛をはじめとする家畜がいたからだ。草さえ生えれば、牛は生息できる。農産物が栽培できないけれど草だけは生えるという地域には、酪農と畜産という産業が定着してきた。今後どんなに科学が進んだとしても、草から乳をつくることは決して人間の力ではできない。

牛の野生的本能を発揮させれば、毒草以外はどんな草でも旺盛に食べ、体内で乳に変え、ナチュラルでヘルシーな牛乳を供給してくれる。それが日本の山々でできれば、これこそが日本型酪農と言える。自然な草を食べた健康的な牛から生産される牛乳は栄養価が高く、薬効すら期待できる。

健康や長寿と食生活の関係にくわしい家森幸男氏（京都大学名誉教授）によれば、サバンナに自生する草は抗酸化作用をもち、動脈硬化を防ぐポリフェノールが多く含まれ（『日本経済新聞』二〇〇六年五月二一日)、ビタミンAやビタミンEは草丈の短い放牧草に多く含まれることが確認されている。ビタミンAには視力低下や呼吸器系統の感染予防効果が、ビタミンEには抗ガン作用、抗肥満作用、老化予防効果がある。また、動脈硬化の予防、糖尿病、骨粗鬆《そしょう》症に効果があると言われる機能性脂肪酸の共益リノール酸は、舎飼いの牛の牛乳と比べて、自然な草を食べる放牧牛の牛乳では二~五倍に増えることも確認されている(九州農業試験場草地部〈当時〉の落合一彦氏の研究)。

このように放牧牛乳には、乳脂肪分は少なくても、そのほかの機能性成分が多く含まれていることが確認されているのだ。自然の草を食べた放牧牛から搾った牛乳は今後、機能性食品としての評価もされていくだろう。

日本の山には牛の餌が豊富にあり、天地の恵みと牛の働きだけで栄養豊かな牛乳が生産できる。人間の知恵をはるかに超えた自然の摂理と牛の適応力によって生産される牛乳は、まさに「神が与えた最良の飲みもの」に値する。

◆放牧牛乳のフランチャイズ化

放牧牛乳のニーズは、いま確実に広がりつつある。しかし、大型化したプラントでは、小回りの利いた小ロットのプライベートブランド(PB)商品の開発は不可能だ。中洞牧場のミニプラントが、大きな役割をもつゆえんである。

放牧牛乳を普及させるには、まず仲間の酪農家を募らなければならない。わたしの役割は、放牧酪農家が生産した生乳をノンホモのまま低温殺菌で商品化し、正当な価格で販売し、彼らを支援することにある。もちろん、農協系統や大手乳業メーカーの圧力は予想されるが、それに屈することなく、酪農家に呼びかけたい。それは自らの生涯を賭けるに値する使命であると認識している。いまはまだ巨象にとまったアリのような存在だが、アリが群れれば巨象を倒せる。そのとき日本の酪農は変わる。酪農革命が起きる。

最初は、放牧酪農家の牛乳を中洞牧場に集めてＰＢ牛乳をつくる。そして、販売実績が上がったら各酪農家がプラントを建設するという方法が無難だ。生乳輸送は、配送業者を利用すれば問題はない。当社のようなアウトサイダーならば、不当なマージンも発生しない。

中洞牧場には消費者から毎日のように温かい声が届けられ、工場や牧場で働く従業員に大きな励みとなっている。そうした声を聞くたびに、決して消費者を裏切ることはできないという思いが湧いてくる。だからこそ、当社とコンセプトを共有する生産者との提携で生乳を確保し、事業を伸ばしていきたい。一牧場の飼育頭数は三〇～四〇頭を上限にし、一牧場五〇～四〇〇kg、一プラントの製造量二t以下が適正だと考えている。

そこで、これまでに培った自然放牧酪農の技術をマニュアル・システム化し、全国に提携牧場を展開し、さらに、牛乳プラントのノウハウも含めたフランチャイズ化を進めていきたい。こうして、川上の牧場、川中のプラント(牛乳製造)、川下の消費者をつなげていくのだ。すでに、北海道旭川市と島根県邑南《おおなん》町で進めている。今後、わたしの培ってきたノウハウを惜しみなく提供していくつもりだ。

旭川市の斉藤牧場は五〇年にわたって放牧を続けてきた。景観のすばらしさとともに、牧場主・斉藤晶《あきら》氏の哲学に感銘して、多くの人たちが訪れる牧場だ。マスコミ、文学者、哲学者、経済人、酪農志望の若者、一般消費者など枚挙にいとまがない。しかし、農協はそれを評価せず、一般の舎飼いの牛乳と混ぜて販売してきた。誰も斉藤牧場の牛乳が飲めなかったのである。こんな理不尽なことがあるだろうか。

中洞牧場が牛乳プラント建設のお手伝いをさせていただき、ようやく斉藤牧場牛乳が二〇〇五年に誕生し、消費者に飲んでいただけるようになった。それは、わたしにとっても大きな喜びである。

島根県邑南町のシックスプロデュース(有)は、開墾し、牧場を建設し、牛を放つところから牛乳プラントの建設まで、純粋にわたしの方式と技術をもって事業展開を始めた、本当の意味での第一号提携牧場&提携プラントである。

大手乳業メーカーの牛乳販売店を営んでいた洲《す》濱《はま》雅之《まさゆき》氏とご子息の正明《まさあき》君は、「自信をもってお客様にお届けできる信頼性ある商品を売るためには、自分でプラントをつくるしかない」と決意。地元の建設業者がゴルフ場開発のために取得したものの、反対運動にあって手つかずのまま放置していた山林を、牧場として活用したいと考えた。そして、遠く離れた岩手県のわたしと出会うべくして出会い、牛乳の生産から販売までを一貫して行う会社が〇五年に生まれたのだ。

社長は、当時弱冠二二歳で、島根県立大学四年生だった正明君。将来を嘱望される好青年である。雅之氏も働き盛りの四〇代だが、「新しい事業は、新しい感性とエネルギーで」と補佐役に回り、おもに牧場を担当している。後ろ盾となったのは、地元最大手の建設業者・今井産業(株)。わたしを含めた三者の仲人役を担ったのは、以前から懇意にしていた経営コンサルタント・システムインテグレーション(株)の多喜義彦社長である。

シックスプロデュースの「シックス」は、第一次産業・二次産業・三次産業の融合、一貫事業という意味をもつ。一+二+三=六であり、一×二×三=六の「シックス」だ。プラントは、岩手県からスタッフと機械を送り込み、わたし自らが手がけた。完全自然放牧と輸入飼料不使用という中洞基準に則った牧場経営と牛乳製造を忠実に厳密に実践している。

こうした牧場とプラントのネットワークによって、新たな日本型酪農を提案していきたい。その同志は消費者のみなさんだ。

ガラス張りの流通とフレッシュさで勝負

同時に、農協への一元集荷体制、大手乳業メーカーを中心とした流通を変革しなければならない。少量生産製品が流通する仕組みの構築である。

牧場の近くに牛乳プラントがあれば、五～一〇頭規模で牛を飼っている農家の生乳を集乳コストをかけずに処理できる。そして、販売も近くへの宅配を中心にし、品質に見合った価格とすれば、小規模の酪農家や有畜複合農家でも経営が成り立つ。そのとき、生産者と消費者の直結や産直事業体が重要な意味をもつ。同時に、生産者が発信する情報をとおして農業の重要性を消費者に理解してほしい。そのためにも、ガラス張りのシンプルな流通が大切となる。

国際化する経済への対処も緊急の課題である。飲用牛乳の輸入はまだ行われていないが、これから輸送時間が短縮されていけば、十分に輸入が予想される。それに対処するには、国内農業の重要性と牛乳の特性としてのフレッシュさの意味を、消費者に理解してもらわなければならない。

乳業業界では、無謀にもコストで国際社会に挑戦しようとしているが、これは幕下が横綱と相撲をとるようなものだ。フレッシュさの観点からすれば、一二〇℃以上の超高温殺菌牛乳より低温殺菌牛乳が支持されるのは間違いない。低温殺菌のフレッシュな牛乳を主流にすることが、牛乳の輸入に対抗する手段であると確信している。

異業種から受ける高い評価

〇三年に、東北ニュービジネス協議会のアントレプレナー大賞を受賞した。アントレプレナーは起業家という意味だ。おそらく、閉鎖的な業界に風穴を開けたことが受賞理由だろう。また、岩手県が中心となって創設した、地元に根ざして活動を続ける企業に投資する「いわてインキュベーションファンド」からの投資も受けられた。これを機会に、(有)中洞牧場を株式会社に改組した。

〇五年には、ＥＯＹ(アントレプレナー・オブ・ザ・２００４)ＪＡＰＡＮのスタートアップ部門(創業から七年以内)で、経済産業省東北経済産業局から推薦を受け、四名のセミファイナリストのひとりに選ばれた。これはアメリカで発祥した起業家を表彰する制度で、ファイナリストはモナコで行われる国際大会に参加できる。

こうした評価やビジネス面での支援の話は常に、酪農業界や乳業業界とはまったく関係ない組織や企業からいただいてきた。「乳業業界を変える」と言っても、一酪農家にはどうしたらいいのかわからない部分が多い。会社の仕組みのつくり方は、いわてインキュベーションファンドを運営するフューチャーベンチャーキャピタルから教えてもらった。

いま、この会社が(株)中洞牧場の株式公開に興味を示している。今後は株式を公開し、投資家を募り、新たに創業する酪農家への資金貸付、放牧酪農への転換をめざすことによって農協から融資を受けられなくなる酪農家への支援を内容とする酪農ファンドも考えていきたい。

日本酪農のかかえる問題は、業界主導の閉鎖的な物流に起因している。それを解決するカギは、これまでのような一社の規模の拡大ではなく、小さな牛乳プラントのネットワーク化やフランチャイズ化である。本当に価値ある牛乳を生産するためには、生産者と消費者の顔がお互いに見える規模の地場流通を各地に構築していかなければならない。そして、それが日本酪農のスタンダードになっていくことを願ってやまない。

2　中洞牧場が提案する日本型酪農

これまで述べてきた内容と重なる部分も多いが、最後に中洞牧場が日本の酪農を変えるための具体的プランを紹介させていただこう。

牧場のコンセプト

中洞牧場が構築してきた酪農、牛乳・乳製品の製造・加工技術、販売方式をベースにした牧場経営を行う。

①自然放牧、輸入飼料の不使用

日本の酪農は過度に輸入飼料に依存しているため、飼料の安全性が疑問視されている。とくに危惧されるのは、ポストハーベスト農薬や遺伝子組み換え作物の混入である。そして、輸入飼料の主流はトウモロコシ、大豆、小麦など人間の食糧となる穀物だ。世界中で八億人もの人びとが、日本の牛が食べているこれらの穀物を食べられずに飢えている。

②国土の七割を占める未利用山地の活用

輸入飼料に依存するために、日本の酪農は国土を活用する産業になっていない。本来の酪農は、牛の介在によって、人間が食べられない草などの植物資源を牛乳に変えるものである。日本の場合、国土の七割を占める未利用の山地にその資源を求めるのは必然だ。そこで牛が悠々と草を食む光景こそ、日本酪農のあるべき姿と確信している。

③農協の独占への挑戦

日本の乳業業界では、農協による一方的な流通と商品価値の形成が行われてきた。すなわち、酪農家が再生産できないような低い買い取り価格と乳脂肪分の偏重である。これらはすべて、農協の独占による弊害だ。業界のアウトサイダーとして農協の独占に果敢に挑戦し、日本酪農を変革する。

◇放牧地のつくり方

最大のノウハウは、自然のあるがままに放牧地を牛と一体になってつくることだ。放牧地は以下の三つに分類される。

①集約的放牧地

牛を山に放牧すれば、そこにある草を食べる。野生の本能的機能を有する牛は、毒草以外は山野に自生するすべての草を食べる。ある程度集約しなければならない放牧地は、多くの牛を放牧して（強度な放牧圧）、自然発生による野シバを中心とした植生を形成させる。放牧した牛が食べる草のうち、再生力が強い草だけが残り、弱い草は衰退していく。もっとも強いのは野シバだ。牛が多ければ、野シバが広がる。ただし、放牧圧が強すぎると裸地になるので、注意しなければならない。

野シバの放牧地は、六〇年代なかばまでは日本のどこにでも存在していた。中洞牧場のノウハウで、その復活を二〜三年という短期間に完成させる。とはいえ、それはあくまで自然と牛の力でつくりあげる。わたしたちは多少のマネージメントをするにすぎない。

②天然の広葉樹林

日本の生態系や水源の維持、水害の防止において重要な植生は、何と言っても天然の広葉樹林である。野シバは他の植生から見れば格段の保水力はあるが、生態系と保水力の相関を考えれば、広葉樹林を保全していかなければならない。その広葉樹林を放牧の牛が管理するのだ。下草を舌で刈り取り、枯れ木や枯れ枝を踏みつぶして、林内を整地する。糞尿は、栄養価の高い肥料として放牧地に還元する。

③植林地

日本の林業は輸入外材に押されて惨憺たる状況にある。しかし、いつまでも安定的に外材が輸入されるとは考えにくい。今後、国産材が見直されるときが必ず来る。また、牧柵や小屋など牧場内で使用する木材の自給も重要である。牛を針葉樹林の植林地に放牧して下草を牛に食べさせれば(林間放牧)、人力による下草刈りの作業を軽減できる。

◆牛の飼い方

原則として周年昼夜放牧。牛が牛舎に入るのは、基本的に搾乳のときだけだ。それ以外は、一日中、野山を歩き回りながら草や木の葉を食べ、牧場内を流れる小川から水を飲み、休み、寝て、自由に暮らす。緑の牧場で草を食む姿は、まさに牧歌的と表現されるにふさわしい。

①餌は自然の山野草

野シバが広がるまでは、放牧地の草が豊富にない場合がある。この期間は干し草などを与える必要がある。同時に、雑草、木の葉、笹などを貪欲に食べられる牛に育てる貴重な期間と位置づけよう。

②自然交配

日本の酪農は牛舎飼育のため、人工授精が主流である。しかし、世界的な有機畜産の流れからも動物愛護の観点からも、雄牛と雌牛が自由に愛し合う自然交配が注目されつつある。

③自然分娩、自然哺乳

大自然のなかで健康な生活をする母牛は、自分の力だけで出産する。映画やテレビのシーンでは、何人もの人間が助産して出産をさせているが、それは不健康な母牛から生まれるからだ。そして、生まれた子牛は誰から教わることもなく母親の乳首にしゃぶりつく。自然界の哺乳類の子どもがすべてそうするように。

◈牧場内の環境整備

①ゴルフ場のような野シバの放牧地

自然の植生で牛が放牧されれば、野シバが広がり、数年でゴルフ場のような放牧地ができる。緑の絨毯で吸い込まれるような青空のもと、まさに「ハイジ」の世界だ。

②生態系の保全をする林間放牧地

牧場内には自然広葉樹林帯と人工針葉樹林帯を設ける。広葉樹林帯では、野鳥を含むさまざまな動物が牛とともに生活する。キツネ、タヌキ、リス、地域によっては熊やイノシシも出るかもしれない。そこは動植物が混在する空間で、水源保安林の役割も果たす。針葉樹林帯は、林業生産と畜産の共生・補完関係を示し、省力的林業生産の手法を提案する場所となる。

③小川を活用した水飲み場

牧場内を流れる小川は、牛にとっては大切な水飲み場だ。牛飲馬食と言われるように、牛にとって飲み水は大切である。しかも、新鮮で常にきれいな水でなければならない。そこで、小川を活用した水飲み場をつくる必要がある。そこは水棲動物を中心としたビオトープとなり、自然観察や水質保全の場所ともなる。

④キャンプ場やログハウスの山荘

牧場内にキャンプ場、牧場建設の際に伐採した木を活用したログハウスやベンチ、遊具、四阿《あずまや》などをつくり、消費者をはじめ一般の人たちに開放する。人びとは牧場の中で思う存分、自然を満喫できる。ただし、観光牧場ではなく、生産の場としての牧場というコンセプトを守り続けたい。

◈立地条件・資材・予算など

①立地条件

かなり急な山でも可能だが、できるだけ緩やかな地形が好ましい。広い面積になるので、未利用の山間地などが適地。場所を探す際、建設予定地周辺の河川、湖、海、住宅地の実地調査を行う。農地法、化製場法（化製場等に関する法律）、森林法などの関連法規も事前に調べる必要がある。土地は広ければ広いほどよいが、放牧スペースは三〇～五〇haが管理しやすい。公道からの取り付け道路、水道、電気などライフラインの確認も忘れない。

②牧場運営に最低限必要な建物と資材

牛――一ha二頭以内が基準。山羊や馬などもあわせて飼育できる。

牛舎――搾乳、冬の分娩、病気の牛の管理などに使用する。

資材庫――牛舎と棟続きが望ましい。干し草などの餌置き場に使用する。

ミルカー――生乳を搾る機械。

バルククーラー――生乳を冷却・貯蔵するタンク。

牧柵――放牧地を仕切る有刺鉄線。

トラクター――干し草・ロール（ビニールでラップしたサイレージ）などを運ぶ。

四輪駆動車――ジープなど。牛の見回りに使用する。

牛乳工場――牛乳を製造して販売するプラント。生乳販売の場合は必要ない。

＊採草地は一カ所とし、提携牧場に提供する予定だ。現在は小岩井牧場に委託しているが、広大な採草地が確保できれば、自社で行いたい。いずれにせよ、提携牧場は採草用の機械を必要としない。

③基本的な予算（宮古市周辺の単価）

土地購入費――一ha三〇万〜五〇万円。最低三〇ha。
牛購入費――一頭三〇万円〜（初妊牛）。
牛舎建設費――一坪一五万〜二〇万円。最低五〇坪。
資材庫建設費――一坪五万〜二〇万円。最低五〇坪。
ミルカー購入費――一五〇万〜五〇〇万円。
バルククーラー購入費――一五〇万〜二五〇万円。
牧柵建設費――一ha一〇万〜一五万円。
トラクター購入費――三〇〇万〜六〇〇万円。
四輪駆動車購入費――一五〇万円。
取り付け道路工事費――一万円（一m×四m、砂利敷き）。地形により大幅に変動する。
牛乳工場――三〇〇〇万円〜（中古品対応）。
概算総額――四〇〇〇万〜二億円（土地購入費によって大きく異なる。また、牛乳工場は必備ではない）。
④関連土木工事など
土木工事専門のスタッフがいる。取り付け道路や牧場内道路の建設、牧柵工事などの請け負いもできる。

◈運営面と牛乳プラント

①運営
川上から川下（牧場、牛乳プラント、販売）まですべてのノウハウがあるから、運営を全面的にお任せいただいてもよい。
②牛乳プラントの建設
プラントの建設を考える方は、建設と牛乳の製造方法の指導が受けられる。
③牛乳の買い取り
中洞牧場の製造基準に合った牛乳であれば、買い取って、当社の販売網の統一ブランドで販売できる。

3　いのちを大切にする社会をめざす自然放牧

日本は高度経済成長期から一貫した経済至上主義で、世界に冠たる経済大国となった。その反面、人間としてもっとも重要なことを忘れているように思えてならない。人間のいのち、そして生きとし生けるすべての生物にとって本当の幸福な社会の創造が、次世代に対して先人であるわたしたちがなすべきことではないだろうか。

酪農家は、日々愛くるしいしぐさを示し、心を和ませてくれる牛のいちばん身近にいる人間だ。わたしたちがその牛を慈《いつく》しむ心をもたなければ、ほかに牛を守る人間はいない。もちろん、慈しむこととペットのように溺愛することとは大きく違う。慈しむとは、牛に可能なかぎりの自由を与え、自然のままに飼うことだ。

わが師・猶原恭爾先生は、「千年家」という言葉で永続性のある酪農家の育成に生涯を賭けた。しかし、現在の酪農業界は、狂牛病、牛の虐待的飼育、酪農従事者の過重労働と多額の負債、糞尿公害など大きな問題をかかえ、展望が見出せない状況にある。そのなかで中洞牧場は八〇年代なかばから一貫した自然放牧を行い、日本酪農のあるべき姿を伝えてきた。今後、自然放牧が日本型酪農として認知されるためには、さらに同志を増やしていかなければならない。

自然放牧の牧場は、スイスのチロル地方のような風光明媚な景観となる。ハードなビジネスライフに必ずや一服の清涼剤となり、心身ともにリフレッシュできる場だ。山村経済の活性化に貢献し、大都市集中型経済から均衡のとれた経済への変革にも寄与できる。自然環境をよくする効果もある。

もちろん、理念が正しくても、おいしい牛乳でなければ意味がない。その味は、放牧牛から搾った低温殺菌牛乳を飲んでいただければ納得いただけ、わたしたちの思いも伝わると確信している。

国土の有効利用を考えたとき、面積の七割を占める山地の放置は国家的損失である。繰り返しになるが、無尽蔵な草が資源として眠っている。それを活用するのが本来の酪農のあり方だ。放牧された牛は用材生産の植林地を管理し、水資源確保のためのブナ林の形成も行う。そして、野シバの匍匐茎はまさに山地にスポンジを敷いたごとく、すばらしい保水力を発揮する。野生動物の生息空間と人間社会との緩衝帯としての役割もある。

江戸時代に、「江戸は三代続かず」と言われたという。中世ヨーロッパでは、「牧場のない名家は滅びる」と言われた。いずれも大都市の弊害を表現している。現代の大都市が当時の大都市以上の大きな弊害をかかえているのは、誰もが認めるところである。

病める大都市の生活者が救いを山地に求めるのは必然だ。しかし、残念ながらいまの日本の山地は、それを受け入れる環境になっていない。優れた景観を有する牧場があり、愛らしい牛たちが草を食んでいれば、病める都市生活者の癒しの空間になることは間違いない。

そこから生産される牛乳は、大自然の恵みを豊富に含む滋養豊かな栄養剤的飲料として復権する。かつての日本人が愛飲していた、価値のある牛乳となるだろう。

おわりに

わたしが酪農を志したとき、経済的に苦しいなか、母セツ子は何も言わずに応援してくれた。父は母が三〇代のころから家に寄りつかず、母一人でわたしたち五人の子どもを育て、わたしは大学まで行った。上の弟の央《ひろし》と妹の明子は就職していたものの、下の弟三雄は高校生、妹久美子は中学生。教育費がかかり、相当に苦しかっただろう。わたしは卒業後も約一〇年間、無収入に近い状態が続くなかで、能天気にも日本酪農の将来を語っていた。そして一九八四年に、七〇〇〇万円もの途方もない借金をして牧場を開いたのである。

「母は強し」という言葉そのままの母親だ。自分の息子が当時のわたしと同じ年齢になったとき、母のような寛大な心で見ていられるかと思うと、まったく自信がない。

妻のえく子は都会育ちで、農業の経験もまったくないまま、酷寒の辺鄙な牧場に嫁ぎ、朝六時から夜遅くまで牛の世話をしながら四人の子どもを育てた。労働は過酷をきわめ、夜一一時過ぎの夕食では、テーブルを前に箸を持ちながら二人で居眠りをしたことが何度もある。子どもは牛舎の中で育てた。そのうえ、閉鎖的な山村で農協や行政に楯突く粗野な夫について来るのは、相当に難儀だっただろう。子どもたちも、小さな集落で異端児的な父親をもち、いろいろな軋轢にさらされたと思う。それでも、妻も子どもたちも常に笑顔でわたしを支えてくれた。

牛乳プラントの建設にあたっては、父親の従兄弟にあたる三上憲一さんご夫妻に大変お世話になった。憲一さんは地元の専門店会の理事長などの要職についておられ、わたしが不得手な行政や金融機関との交渉にいろいろなアドバイスをいただいたのだ。躊躇しているときは、奥様の愛子さんもいっしょに「やりなさい」と背中を押してくださった。あのときの「やりなさい」という一言がなければ、今日のわたしが存在しなかったのは間違いない。また、叔父の橋場政雄、山崎時男両氏にも、幼いころから今日まで支えていただいている。

牛乳プラントをもつようになってからは、従業員の存在が欠かせない。

当初から頑張っていただいた堀川クニさんは、定年を迎えた後も活躍している。一年遅れで入社した馬場ふさ子さんは、アイスクリーム製造の要職にある。入社七年目の澤田幸子《さちこ》さんは、経理担当として会社の財布をしっかり握っている。同じころ入社した取締役の佐藤力君は、牧場からプラントまでオールラウンドプレーヤーとして、現場ではわたしの片腕的存在だ。

いつも明るくみんなを笑わせてくれる東《あずま》剛《つよし》君は、牛乳製造と製品検査の担当。毎日夜遅くまで頑張る腹子《はらこ》和久《かずひさ》君は発送と地元営業、パートでありながら家庭と両立して頑張る水沼真由美さんも発送担当だ。地元への宅配を担う田沢好克《よしかつ》君は、八年間で配達を一日しか休んでいない。午前二〜三時から、雨の日も雪の日も配達している。

牧場担当の高橋則行《のりゆき》君は大変な清潔好きで、いつ来客があってもきれいな牧場を見せてくれる。アイスクリーム担当の山本悦子さんはパワフルで明るく、山本香奈江さんは二三歳と若いが、手早さは随一だ。入社まもない関口由夏里《ゆかり》さんもだいぶ仕事に慣れ、これからが期待される。東京農大の後輩にもあたる山川将弘《まさひろ》君は弱冠二四歳ながら、嫌な顔ひとつせず何でも積極的に仕事をこなし、将来を嘱望される好青年だ。

地元信用金庫を退職して二〇〇六年に常勤取締役として入社した大越豊樹さんは、担当の経理・総務のみならず、製造にも携わり、現場からも厚い信頼を得ている。同じく取締役の小泉まき子さんは、株式会社への改組時は総務中心であったが、現在は営業担当で、交渉能力は天性のものがある。わたしが不得手とする行政との交渉役をこなし、官公庁や東京をはじめ全国各地の取引先から、わたし以上の信頼を集めている。

こうした従業員評価は、決して過大ではない。いつも笑い声の絶えない明るい会社で、力量のないわたしを全員でフォローしてくれているのだ。

わたしの曽祖父《そうそふ》熊吉は明治八年(一八七五年)に生まれ、九九歳まで生きた。彼は三〇〇年続いた中洞家のなかで、傑出する人物だったと思う。幼くして父を病で失ったが、幼少のときから農作業と山仕事に勤しんでそこそこの財をつくり、二人の弟を明治時代に東京の大学に進学させる先進的感覚をもっていた。そのうえ、村会議員を二〇代から七〇代まで務めたという。

だが、その栄華も人生の末期に崩れ去った。わたしの父が事業で失敗し、全財産を失ってしまったからだ。一〇〇歳を前にして世を去るとき、どんなに無念だったかと思うと、いまでも目頭が熱くなってくる。大学生だったわたしに最後の望みを託していたことを知り、「俺はやる」「ひいおじいさんに誉められるような人間になる」と誓った。祖父や父に縁遠かったわたしにとって、身近でもっとも尊敬できる人物だ。あの世でふたたび会ったとき、「正、よくやったな」の一言をかけてもらえるように、これからも頑張りたい。

　牛乳プラントを始めて一〇年。ここまでやってこられたのは、わたしの牛乳を買ってくださる消費者の方々がいらっしゃってこそである。利益率が低く、扱いにくい商品にもかかわらず、理念に共感して販売協力してくださった方々とあわせて、心から感謝申し上げる。

　この本を完成させるまでには、二年の歳月を要した。遅々として筆が進まないわたしを叱咤激励し、編集のご協力をいただいた山中登志子さん、一切の妥協を許さない厳しい校正をし、指導してくれたコモンズの大江正章さん、社内で執筆の手伝いをしてくれた小泉まき子さん、山川将弘君、すばらしい牧場の写真を撮ってくれた佐藤力君などの協力のもとで、上梓できた。あらためて、みなさんに感謝したい。

二〇〇七年一月

中洞　正

「中洞式山地酪農」のいま

本書出版後、中洞牧場には新しい動きがありました。二〇〇七年、海側の第二牧場を他社に譲り、山側の第一牧場を拠点として山地酪農コンサルティングを始めたのです。また、IT企業リンクの岡田元治社長との出会いによって、山地酪農研究所・企業農業研究所を事業主体、リンクを母体として、山地酪農と乳製品の製造・販売を組み合わせた事業モデル「中洞式山地酪農」の再構築計画を二〇一〇年から進めてきました。

そして二〇一二年春に、乳製品製造プラント、研修棟、農場を完備した農業モデルの実践・普及の拠点として、新生「中洞牧場」が誕生します。牧場では、見学や取材、研修を受け入れ、企業における農業モデルの研究・実践、酪農・農業の組織化、農業生産法人の自立支援、持続可能な農系ビジネスの構築、後進の育成などに力を入れていく方針です。これに先立つ二〇一一年一〇月には、東京ミッドタウンの近くに中洞牧場のアンテナショップ「中洞牧場ミルクカフェ」をオープンし、牧場直送の牛乳やソフトクリームなどの販売を始めました。

東京電力福島第一原子力発電所の事故以降、放射能による牛乳・乳製品の購買マインドの低下が懸念されています。中洞牧場では、牛乳や野シバの残留放射性物質検査結果を公表し、「安全・安心」を伝えてきました。それが企業の責任だからです。そして、約八〇頭の牛たちと若い牧場スタッフとともに、山地酪農のすばらしさと「幸せな牛からおいしい牛乳」を今後も提供していきます。

二〇一二年三月

中洞　正

〈著者紹介〉

中洞正（なかほら・ただし）

1952年　岩手県宮古市生まれ。
1977年　東京農業大学農業拓殖学科卒業。
1984年　岩手県岩泉町に中洞牧場を創業。
1990年　通年昼夜の自然放牧酪農を確立。
1992年　輸入飼料を排除。エコロジー牛乳の販売（委託加工）を開始。
1997年　牛乳プラントを建設し、自社製造を開始。
2003年　株式会社中洞牧場に改組。
2007年　株式会社中洞牧場（牛乳製造販売会社）を他社に譲り、山地酪農コンサルティング業務を開始。
2010年　コンサルティング業務を行う株式会社山地酪農研究所を設立。
2010年　農業生産法人・株式会社企業農業研究所（中洞牧場）を設立。
主　著　『黒い牛乳』（幻冬舎メディアコンサルティング、2009年）。
連絡先　◆中洞牧場（株式会社企業農業研究所 岩手岩泉牧場）
〒027-0505　岩手県下閉伊郡岩泉町上有芸字水堀 287
TEL 050-2018-0112 FAX 050-2018-0178
http : //yamachi-rakunou.jp/
◆中洞牧場ミルクカフェ
〒106-0032　東京都港区六本木 7-4-14
TEL 050-2018-0111
http : //nakahora-bokujou.jp/

幸せな牛からおいしい牛乳

二〇〇七年三月一日　初版発行
二〇一九年三月一五日　4刷発行

著　者　中洞　正

発行者　大江正章
発行所　コモンズ
東京都新宿区西早稲田二-一六-一五-五〇三
TEL〇三（六二六五）九六一七
FAX〇三（六二六五）九六一八
振替　〇〇一一〇-五-四〇〇一二〇
info@commonsonline.co.jp
http://www.commonsonline.co.jp/

印刷／東京創文社・製本／東京美術紙工
乱丁・落丁はお取り替えいたします。
ISBN 978-4-86187-030-9 C 0061

＊好評の既刊書

〈有機農業選書１〉
地産地消と学校給食 有機農業と食育のまちづくり
●安井孝 本体１８００円＋税

〈有機農業選書２〉
有機農業政策と農の再生 新たな農本の地平へ
●中島紀一 本体１８００円＋税

〈有機農業選書３〉
ぼくが百姓になった理由《わけ》 山村でめざす自給知足
●浅見彰宏 本体１９００円＋税

〈有機農業選書４〉
食べものとエネルギーの自産自消 ３・11後の持続可能な生き方
●長谷川浩 本体１８００円＋税

〈有機農業選書５〉
地域自給のネットワーク
●井口隆史・桝潟俊子編著 本体２２００円＋税

〈有機農業選書６〉
農と言える日本人 福島発・農業の復興へ
●野中昌法 本体１８００円＋税

有機農業の技術と考え方
●中島紀一・金子美登・西村和雄編著 本体２５００円＋税

有機農業・自然農法の技術 農業生物学者からの提言
●明峯哲夫 本体１８００円＋税

生命《いのち》を紡ぐ農の技術《わざ》 明峯哲夫著作集
●明峯哲夫 本体３２００円＋税